地理信息科学一流专业系列教材

科学出版社"十四五"普通高等教育本科规划教材

江苏"十四五"普通高等教育本科省级规划教材

GIS 综合实验教程

（第二版）

张书亮 戴 强 辛 宇 汤国安 编著

地理信息科学国家级一流本科专业建设点建设成果

"GIS 综合实验"国家级一流本科课程（线上线下混合式）配套教材

江苏高校品牌专业建设工程资助项目

U0386638

科 学 出 版 社

北 京

内 容 简 介

作为"地理信息科学一流专业系列教材"分册之一，本书以综合性GIS知识体系为线索，围绕"空间数据采集""空间数据处理""空间数据管理""空间分析""空间分析建模""电子地图制图""GIS系统设计与开发"等7个模块，基于数字化校园相关的空间数据，利用SuperMap平台软件，设计了21个具有综合性、相对独立又逻辑关联的GIS实验。读者通过对本书的学习，可以提高对GIS相关理论知识的理解和融会贯通，掌握SuperMap平台软件的应用技能，提升GIS综合性创新实践能力。本书可以配合"中国大学MOOC"平台"GIS综合实验"课程使用，也可以独立使用。

本书可作为普通高等院校地理信息科学、测绘工程等专业本科生和研究生教材，也可供相关专业技术人员和研究人员参考。

图书在版编目（CIP）数据

GIS综合实验教程 / 张书亮等编著. -- 2版. -- 北京：科学出版社, 2025. 2. --（地理信息科学一流专业系列教材）（科学出版社"十四五"普通高等教育本科规划教材）（江苏"十四五"普通高等教育本科省级规划教材）. --ISBN 978-7-03-081255-1

Ⅰ.P208.2

中国国家版本馆CIP数据核字第2025ZZ3880号

责任编辑：杨　红　郑欣虹 / 责任校对：杨　赛
责任印制：张　伟 / 封面设计：陈　敬

科学出版社 出版

北京东黄城根北街16号
邮政编码：100717
http://www.sciencep.com

三河市春园印刷有限公司印刷

科学出版社发行　各地新华书店经销

*

2020年 4 月第 一 版　开本：787×1092　1/16
2025年 2 月第 二 版　印张：13 3/4
2025年 2 月第六次印刷　字数：316 000

定价：**59.00元**

（如有印装质量问题，我社负责调换）

"地理信息科学一流专业系列教材"编写委员会

主　编：张书亮

副主编：汤国安　　闾国年

编　委（以姓名汉语拼音为序）：

曹　敏	陈　旻	陈　颖	戴　强	邓永翠
郭　飞	胡　斌	胡　迪	黄　蕊	李　硕
李安波	李发源	李龙辉	李云梅	林冰仙
刘　健	刘晓艳	刘学军	龙　毅	罗　文
吕　恒	南卓铜	宁　亮	任　娜	沈　飞
沈　婕	盛业华	汪　闽	王　婷	王美珍
王永君	韦玉春	魏　雨	温永宁	吴长彬
吴明光	夏　帆	辛　宇	熊礼阳	严　蜜
杨　昕	叶　春	俞肇元	袁林旺	乐松山
张　宏	张　卡	张　翎	张　卓	张雪英
赵淑萍	仲　腾	周良辰	朱阿兴	朱长青

丛 书 序

当今，我们正处于一个科学与技术重大变革的时代，世界进入了智能化与绿色化、网络化与全球化相互交织的时期，并正在改变着人类社会和全球经济。历经60多年发展的地理信息系统（GIS），现已迈入"天空地海网"动态立体观测、地理大数据智能分析、全息地图服务与地理信息普适应用的新时代，包含地理信息科学、地理信息技术、地理信息工程的地理信息领域正在形成，由此对地理信息人才教育提出新的要求。在此背景下，我国高校GIS人才培养迎来新的机遇，也面临诸多挑战，培养适应时代发展的GIS人才是实现我国GIS跨越发展的重要保障之一。

作为我国GIS领域的知名品牌专业，南京师范大学地理信息科学专业一直重视教材建设。早在21世纪初，间国年教授就主持出版了"21世纪高等院校教材·地理信息系统教学丛书"，对我国GIS教育产生了重大影响。我国GIS的奠基人陈述彭先生为该丛书作序，并指出：该项浩大工程的完成填补了我国GIS系列教材建设方面的空白，对改善我国地理信息系统专业教材发展不平衡的现状将起到重要的作用。十几年来，GIS技术及其应用与产业快速发展，从适应高校GIS专业人才培养的需求出发，面向国家一流专业建设目标，南京师范大学地理信息科学专业会同科学出版社，经过深入的分析和研讨，针对地理信息科学教学现状新编了相关教材，对原有丛书中采用院校多、质量高的教材进行修订，形成了此套"地理信息科学一流专业系列教材"。该系列教材注重融入学科发展最新成果、强化实验实践训练、加强传统教材与在线课程结合，实现了科学性与实用性相结合的编写目标，也突出了学科体系发展的新方向。

当下，适逢中国高等教育内涵式发展与高校一流本科建设的新阶段，我相信，"地理信息科学一流专业系列教材"丛书编委会一定会在传承的基础上开拓创新，为我国GIS高等教育发展和人才培养做出重要贡献。

中国科学院院士

2019年8月于北京

第二版前言

本教材是南京师范大学"地理学"国家双一流建设学科、地图学与地理信息系统国家重点学科和地理信息科学国家级一流本科专业建设点在"十三五""十四五"建设期内人才培养的重要建设成果，也是"GIS 综合实验"国家级一流本科课程的主要教材和核心教学资源，更是国内第一本面向校园场景且具有综合、创新特征的 GIS 实验教材。教材第一版获批江苏省高等学校重点教材立项建设（新编教材）和江苏"十四五"普通高等教育本科省级规划教材，2020 年 4 月第 1 次印刷，截止到 2023 年 11 月，共印刷 5 次。据不完全统计，目前采用本书作为教材或参考书的高校有近 60 所。

经过近 5 年使用，教学成效显著：①基于教材建设的"GIS 综合实验"获批国家级一流本科课程(线上线下混合式)，爱课程网站有 1 万余人选修，"全国 GIS 高等教育门户网站"的课程内容总访问量达 50 余万次，填补了专业在线实验课程建设的空白，为 GIS 高等教育实验课程改革探索出了新的发展模式；②改变了学生对传统 GIS 实验课的认识，提高了他们的实验学习兴趣，鉴于综合性的实验内容及要求，学生需要投入更多的时间及精力，且其实验的获得感及成就感更强；③通过协作性的实验学习及考核，学生理论知识的综合转化能力及实践创新能力有了显著提高，对于国产 GIS 平台软件的应用能力也有了质的提升。

本版教材建设获得科学出版社"十四五"普通高等教育本科规划教材立项，编写组在坚守立德树人根本任务、遵循教育教学和人才培养规律的基础上，通过广泛听取专家和读者的建议，结合学科发展和社会需求的变化，对教材进行了全面、系统的修编。具体内容如下：①实验使用的软件从原有的 SuperMap GIS 10i 升级为新版的 SuperMap GIS 11i；②在第二章增加了"三维模型集成与模型构建"实验；③将第四章的实验三更新为"校园消防安全应急预案模拟"应用场景；④将第五章的实验二替换为"校园快递服务站选址"；⑤第六章实验三的制图实验软件选用了功能更强大的 SuperMap Online；⑥建成了"溯源母亲河""黄河源园区藏原羚栖息地生态廊道规划""聚力城市新区生态建设""三维视角攀登珠峰"四个"思政拓展实验"，并将其作为教材电子资源整合至"GIS 综合实验"国家级一流本科课程的在线教学资源中。另外，在教材中添加了有代表性实验的操作视频，读者可通过扫描二维码观看。

由于编者水平有限，书中不妥之处在所难免，恳请读者批评指正。

编 者
2024 年 10 月

第一版前言

GIS 的多学科交叉及其与 IT 的深入融合,使得学科及专业都具有较强的技术与应用特征,这就要求 GIS 专业的人才培养必须紧紧围绕创新实践这一主题,强化学生实践动手能力。近年来,随着我国地理信息产业的快速发展以及高校"实践育人""创新创业教育"等新要求的提出,GIS 专业在新的环境下正面临着培养高水平创新实践能力人才的现实性挑战。

作为培养学生实践动手能力的重要载体,GIS 实验教材在实验教学、专业课程和教材体系中均发挥着至关重要的作用。但纵观当前已出版的 GIS 教材,实验教材还比较少,且大都服务于专业特定课程。此外,已出版的实验教材还暴露出一些深层次的问题:①强调软件的学习,只能提高学生的操作技能,无法与课堂理论知识有机呼应,知识内化困难;②以软件模块和功能为线索的实验设计,实验的"厚重感"不足,不利于学生创新实践能力的培养;③实验间的关联度弱,无法将知识和技能串联起来,不能形成有效的能力转化;④实验数据常选用国外地理信息数据且数据因实验各不相同,这使得学生对实验学习的体验感变差,也不方便学生对数据进行深入开发与利用。由此可见,传统 GIS 实验教材在培养满足较强 GIS 应用能力、扎实的开发技能等复合型人才需求方面,以及满足具备创新实践和创新创业能力的人才需求等方面,都还有着不小的差距。因此,撰写面向人才培养新目标且具有鲜明综合性特点的实验教材,十分紧迫且意义重大。

本教材编写组通过三年多的实验教学改革探索与实践,逐步形成了"以综合性的实验内容体系为编写主线,以设计综合性的实验为核心,以国产 GIS 平台软件为工具,以数字化校园为实验场景,以多个网络平台为教材提供资源支撑环境"的教材改革思路。

(1)以综合性的实验内容体系为编写主线。通过深入分析 GIS 专业培养方案中 10 门左右的基础课程和专业课程的实验教学内容,梳理实验知识模块的连接线索,在去除简单实验和重复实验的基础上,重新构建能关联不同核心知识的实验内容体系。这样的实验编写改革思路,可以突破单门课程的实验局限,有效提升学生综合实践能力及水平。

(2)以设计综合性的实验为核心。区别传统实验教材中偏重软件操作和应用的实验设计思路,本教材按照地理信息的"采集、处理、管理、分析、建模、可视化、设计与开发"的过程性 GIS 知识体系分别设计实验主题,并基于这些主题以校园应用为切入点,构建了"三明治"式(提出问题、解决问题、总结和分析问题)的实验框架,这样的实验设计思路,突破传统实验教材"快餐式"(以 GIS 软件功能使用为主)的实验设计,从而使得实验综合性强,更利于在实验过程中培养学生的创新思维。

(3)以数字化校园为实验场景。实验数据对于实验的过程掌握和结果解读非常重要,但传统实验教材中的实验数据因实验不同而差异较大,这会分散学生的注意力,降低实验的"沉浸感"。此外,数据差异也不利于实验之间的有机贯通。本教材将数字化校园作为实验场景,以校园内不同类型的地理信息数据作为实验用数据,契合不同主题的实验。这种实验数据的改革思路一改传统方式的弊端,能较好提升学习者的学习兴趣。

(4)以多个网络平台为教材提供资源支撑环境。传统的 GIS 实验教材,受限于软件操作步骤的繁杂及大量的开发代码,导致教材内容多、篇幅大。本教材基于"全国 GIS 高等教育门户"(http://www.edugis.net)和"中国大学 MOOC" https://www.icourse163.org)等网络平台，通过合理配置教材内容资源、录制实验视频等方式，实现了教材由平面向立体的转变，拓展了教材的使用范围。在教材中添加了有代表性实验的操作视频，读者可通过扫描二维码观看。

　　总的来说，教材提出的综合性且相对独立于 GIS 软件的实验设计方法，突破了传统 GIS 实验教材以软件应用为主的实验设计思路。以数字化校园数据及应用为场景构建的实验间有机连接、不同知识无缝贯通的实验内容体系，突破了传统 GIS 实验教材中各实验相对独立、实验数据和应用分散的局限。

　　本教材包含的实验在南京师范大学地理信息科学专业教学中试用了三年，效果良好，教材编写组通过教学尝试和不断完善，逐步形成了教材初稿。在教材编写过程中，得到了朱少楠、胡迪、黄蕊、杨祺琪、江游、戴梦奇等老师和同学的鼎力支持，感谢他们在教学应用和教材撰写等方面的工作。此外，特别感谢北京超图软件股份有限公司在本教材编写中给予的人力、物力上的帮助，尤其是崔雪、陈颖、夏帆、罗乐、张梦婷、侯雅雯、徐蕾给予的大力协助，没有这些帮助，本书很难及时完成。

　　由于编者水平有限，书中不妥之处在所难免，恳请读者批评指正。

编　者
2019 年 12 月

实验内容与实验安排

根据编者的教学经验，建议按照 72 个总课时安排实验，具体的实验内容和课时量参见下表。学生真正掌握教材中的实验方法则需要花费更多的时间。

实验章节	实验内容	建议课时
第一章 空间数据采集	空间数据外业采集	3
	空间数据内业录入	3
第二章 空间数据处理	图形拼接与拓扑生成	3
	地图配准	3
	空间数据重构与处理	3
	三维模型集成与模型构建	3
第三章 空间数据管理	全关系型矢量空间数据管理	3
	对象-关系型矢量空间数据管理	3
第四章 空间分析	空间网络分析	3
	栅格数据分析	3
	三维 GIS 空间分析	3
	时空轨迹数据分析	3
第五章 空间分析建模	日照分析模拟	3
	校园快递服务站选址	3
第六章 电子地图制图	普通电子地图制作	3
	专题电子地图制作	3
	基于互联网制图平台的地图制作	3
第七章 GIS 系统设计与开发	GIS 系统设计	3
	基于 C/S 结构的 GIS 开发	6
	基于 B/S 结构的 GIS 开发	6
	基于 M/S 结构的 GIS 开发	6

目　录

第一章　空间数据采集

实验一　空间数据外业采集

一、实验场景

空间数据采集是获取空间数据的重要途径，也是 GIS 应用必须面对的首要工作。当前，空间数据的类型和来源非常多，各类数据的采集方法迥异，但采用实地调查勘测方式的外业采集依然是空间数据获取的主要手段，特别是在获取专题地理空间数据的领域，外业采集必不可少。因此，掌握外业采集的一般工序、了解其相应的方式方法，就显得很重要。

针对矢量空间数据的外业采集，选择采集哪些地理要素？采集作业区域如何划分？采集队伍如何开展协同？根据不同的空间数据精度和质量要求，选择什么样的采集方法？采集成果如何组织？什么样的采集方案最科学？这些问题都需要在外业采集工作过程中一一面对。

本实验以"校园公共设施空间数据外业采集"为应用场景，依托校园卫星影像数据及外业采集相关规范，针对校园道路、教学楼、宿舍等公共设施，设计各要素数据的采集方法，编制外业采集方案，并通过外业采集组织实施等工作，形成校园公共设施空间数据外业采集成果。

二、实验目标与内容

1. 实验目标与要求

（1）熟练掌握空间数据外业采集的一般工序和相应的技术方法。

（2）具有开展专题数据外业采集工作及编制采集方案的基本能力。

2. 实验内容

（1）校园公共设施外业采集方案编制。

（2）校园公共设施实地调查勘测与成果组织。

三、实验数据与思路

1. 实验数据

本实验以校园卫星影像数据和校园平面示意图（数据下载路径：第一章\实验一\实验数据）作为空间数据采集的基础资料，具体使用的数据明细如表 1-1 所示。

表 1-1　数据明细

数据名称	类型	描述
影像.png	图像文件	校园卫星影像数据
校园平面示意图.jpg	图像文件	校园平面示意图

2. 思路与方法

面对"校园公共设施空间数据外业采集"任务，首先，调查校园总体情况，分析并确定进行外业采集的要素及在 GIS 中使用的数据模型；其次，为了保证采集小组采集数据的一致性和完整性，为每一类公共设施数据设计编码规范；再次，根据不同采集要素的特征，制定其几何数据及属性数据采集的内容，并设计各要素数据的采集方法；最后，编制校园公共设施空间数据采集实施方案，按照方案开展外业采集工作，并将结果记录下来。外业采集流程如图 1-1 所示。

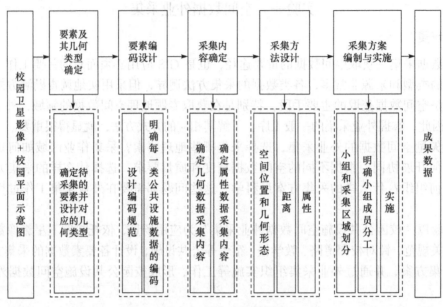

图 1-1　外业采集流程图

四、实验步骤

1. 要素及其几何类型确定

校园公共设施包括校园公共建筑设施、教育设施、后勤保障设施及环境设施等。本实验结合所在学校校园公共设施的基本情况，对校园公共建筑设施、后勤保障设施及环境设施进行要素划分，以便按要素进行空间数据采集内容的设计。本实验中校园公共建筑设施包括教学楼、食堂、体育场、宿舍、道路等，后勤保障设施包括路灯等，环境设施包括行道树、草地、林地等。

各要素几何类型的划分一般根据实际应用需求来确定。本实验主要是为了培养学生的空间数据采集能力，因此根据学生对校园公共设施的空间认知，对校园公共设施的几何类型划分如表 1-2 所示。

表 1-2　外业采集要素与几何类型划分

数据类型	采集要素	几何类型
公共建筑设施	教学楼	面
	食堂	面
	体育场	面
	宿舍	面
	道路	线
后勤保障设施	路灯	点

续表

数据类型	采集要素	几何类型
	行道树	点
环境设施	草地	面
	林地	面

2. 要素编码设计

标识符唯一标识校园公共设施各类要素中的每个具体对象。本实验采用对象编码的方法来生成每个对象的唯一标识符。对象编码由组号、要素类型序号、几何类型序号和索引码组合而成，共 7 位数字，如图 1-2 所示。其中，组号、要素类型序号和几何类型序号均为 1 位数字，索引码为 4 位数字。

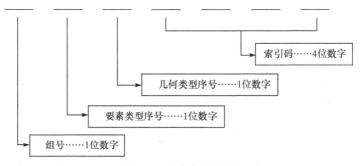

图 1-2 对象编码规则

组号是各小组的编号。要素类型和几何类型编码规则分别参见表 1-3 和表 1-4。索引码则是各小组对各类要素中具体对象的编号。

表 1-3 要素类型编码规则

编号	要素类型
1	林地
2	路灯
3	公共建筑设施（教学楼、食堂、体育场、宿舍）
4	道路
5	行道树
6	草地

表 1-4 几何类型编码规则

编号	几何类型
1	点
2	线
3	面

以第一组校园公共设施"路灯"为例，第一个路灯的编码为"1210001"。

3. 采集内容确定

对于校园公共设施的各要素，需要采集各要素的几何数据和属性数据。几何数据主要采集要素的空间位置和几何形态。属性数据主要采集各要素的基本特征，如路灯的名称、材料类型。

要素几何数据的采集以校园卫星影像（影像.png）为基础，对于校园卫星影像上已有的要素（如教学楼、宿舍、食堂等）的几何信息可直接采用；对于校园卫星影像上没有的要素，如后勤保障设施的路灯、环境设施的行道树等，需采集用于计算该要素空间位置和几何形态的参考点的空间位置数据。

对于要素属性数据的采集，为了保证多人作业时采集内容的一致性，需要确定各要素属性数据采集的内容，设计各要素属性数据采集内容表。本实验主要采集各要素的一些基本特征。以行道树为例，为确定行道树的空间位置，结合它的基本特征，本实验将主要采集行道树的编号、树种类型、维护时间、参考点（两个）、参考点与散落排列的行道树之间的距离、道路两旁的沿路排列的行道树之间的间距，其他信息作为备注，如表 1-5 所示。

表 1-5　散落排列行道树属性数据采集

编号	树种类型	维护时间/年	参考点 1	距离 1/m	参考点 2	距离 2/m	相邻要素 ID	间距/m	备注
2510001	梧桐	2015	22	24.4	28	56.8	无	无	无
2510014	银杏	2016	4	89.6	20	63.7	无	无	无
2510018	银杏	2015	18	32.2	19	10	无	无	无

类似地，分别对路灯、草地、林地、教学楼、宿舍、道路、体育场和食堂等要素，确定各要素属性数据的采集内容，如表 1-6 所示。

表 1-6　校园公共设施外业数据采集标准

采集要素	采集内容
行道树	树种类型、维护时间、参考点、距离、相邻要素 ID、间距、备注
路灯	生产年份、材料类型、是否损坏、修理时间、高度、参考点、距离、相邻要素 ID、间距、备注
草地	修剪时间、备注
林地	林地类型、备注
教学楼	名称、类型、所属院系、备注
宿舍	名称、类型、备注
道路	名称、路宽、道路类型、备注
体育场	名称、类型、备注
食堂	名称、类型、备注

说明：①行道树、路灯等的参考点，主要是为该要素选择用于空间定位的参考点，记录要素与参考点之间的距离，即可结合各要素在校园中与参考点的空间关系进行定位；②体育场的类型分为球场、广场、田径运动场等。

4. 采集方法设计

由于不同采集要素的空间特征不同，需要为其设计合适的采集方法。本实验仅针对数据采集给出几种参考方法，学生可在采集过程中，根据实际情况灵活变通，也可采用其他方法进行采集。本实验主要培养学生掌握外业采集的能力，因此，对测量精度不作过多要求，具体测量精度由采集人员自己确定。

1）空间位置和几何形态数据采集方法

空间位置的采集以校园卫星影像（图 1-3）为基础，对于校园卫星影像（影像.png）中已有要素（如教学楼、宿舍、食堂等）的几何信息可直接采用；对于校园卫星影像上不清晰的要素（如路灯、行道树）需要开展实地采集，采用就近原则将校园卫星影像上已有要素的空间位置作为参考点，结合各要素在校园中与参考点的空间关系进行定位。

图 1-3　校园卫星影像

实地采集时，在纸质校园卫星影像上标注出待采集要素空间位置的关键点和确定其空间位置的参考点，并记录下各要素及其对应参考点的编号和距离。例如，对于路灯和散落排列的行道树，本实验将其看作点要素，在纸质校园卫星影像上标注出路灯的关键点与参考点位置及其编号；同时，可以实地测量并记录该路灯与图上两个参考点（如距离路灯最近的建筑物的角点）的距离，在纸质校园卫星影像上标注出参考点及其编号。在内业数据处理时，即可根据上述采集结果，分别以两个参考点为圆心、以关键点与参考点的距离为半径绘制圆，通过两个圆的交点确定路灯的空间位置。例如，对于道路两旁沿路排列的行道树，可采用上述方法确定第一棵树的空间位置，第二棵行道树则根据行道树间距和道路边界来确定其空间位置，以此类推。

说明：本实验中描述的对象空间位置采集方式仅作为无专业测绘设备时的参考，若有专业测绘设备（如全站仪、GPS 手持机等），则可直接实地采集要素的距离或坐标位置。

2）距离和高度测量方法

本实验中距离和高度的测量方法主要涉及路灯的高度值和行道树的距离等属性值的获取。

采集要素和参考点之间的距离，如路灯间距、树木间距，一般在几米到几十米，因此可以采用卷尺或者皮尺测量；若距离较长，而卷尺不够长，则可以采用分段的方式进行测量；若距离超过百米，可以基于在线电子地图（如百度地图）、依托软件或网站的测距功能在图上测量，然后选择其中的几段进行实地测量，进行核对和长度校正。

由于路灯一般比较高，不便于测量，可以借助参考物体与路灯的高度比及两者影子的长度比，利用相似三角形的原理计算出路灯的高度。

3）属性数据采集方法

属性数据的采集可基于实地采集或咨询相关机构。按照设计好的各要素属性采集内容表，到校园中一一进行实地观测、测量和咨询，将观测值、测量值或收集到的信息填入相应要素属性采集内容表中，如表 1-7 所示。

表 1-7　沿路排列的行道树属性数据采集结果

ID	类型	维护时间/年	参考点 1	距离 1/m	参考点 2	距离 2/m	相邻要素 ID	间距/m	备注
2510001	梧桐	2015	22	24.4	28	56.8	无	无	无
2510002	梧桐	2016	无	无	无	无	2510001	7.13	位于 2510001 南侧
⋮	⋮	⋮	⋮	⋮	⋮	⋮	⋮	⋮	⋮

5. 采集方案编制与实施

因为整个校园面积较大，外业数据采集工作量较大，所以可由多名同学共同完成对整个校园公共设施空间数据的外业采集。首先，需要对整个校园区域进行合理的划分，分小组对不同区域进行数据采集。其次，编制合理的校园公共设施空间数据采集方案，从而保证整个实验的有效实施。最后，各小组分别准备实验工具，规划采集路线，按照设计好的采集内容、采集方法进行现场采集。

1）小组和采集区域划分

采集区域为整个校园区域，为了便于在外业采集时分工开展采集工作，需要将校园区域进行划分，划分的结果以文字和地图两种形式表示，保证各小组对采集区域的界线和范围有一致的认识。区域划分地图可基于纸质的校园卫星影像来制作。

2）小组成员分工

每个区域的公共设施空间数据外业采集工作由一个小组负责，各小组应选择一名同学作为组长，并进一步明确各小组成员的任务，从而保证在进行空间数据外业采集时，小组成员各司其职，保证采集工作有序实施。以第二小组成员分工为例，分工示例如表 1-8 所示。

表 1-8　小组成员分工示例

序号	任务	成员	备注
1	在校园中找到需要采集的地物所在地并选择用于确定要素空间位置和几何形态的参考点	李一	第二组成员采集地物主要在校园北苑区，从行知楼东北角的第一棵树开始沿顺时针方向采集。第一棵树的第一个参考点选择行知楼的东北角，第二个参考点选择行知楼东侧草地的东北角
2	在纸质校园卫星影像上标注各要素关键点及其参考点的空间位置和编号	赵二	按照采集顺序，依次为采集要素的关键点和参考点编号
3	距离和高度测量	张三	无
4	属性数据的观测和调查	李四	无
5	要素属性数据采集表的制作与记录	王五	记录赵二标注的编号以及张三测量、李四观测和调查的数据

在具体实施过程中，小组成员间可根据实际情况互换工作任务，尽可能让小组成员熟悉各项任务。

3）现场采集

准备好实验工具，规划好采集路线，按照设计好的采集内容、方法和方案进行现场采集。需要注意的是，由于是进行外业采集，需要根据实验期间的天气情况合理安排时间，以确保实验顺利完成。

　　参与采集的学生需要在采集过程中完成相关表格的填写及在纸质校园卫星影像上的注释，为之后的数据录入做好充分的准备。

6. 实验成果

　　本实验的最终成果为校园公共设施空间数据外业采集结果（数据下载路径：第一章\实验一\成果数据），主要包括各小组在纸质校园卫星影像上要素空间位置的标注结果及属性数据的记录表，具体内容如表 1-9 所示。

表 1-9　成果数据

数据名称	类型	描述
采集区域的划分结果	纸质图	各小组采集区域划分的示意图，如图 1-4 所示
采集要素示意图	纸质图	校园公共设施的各要素空间位置数据采集示意图，如图 1-5 所示；图上不同的符号代表不同的要素，如图 1-6 所示
属性数据的采集结果	表格	校园公共设施的属性数据的采集结果记录在纸质的表格里，以行道树为例，如图 1-7 所示

　　综上，实验结果的具体内容如下。

1）采集区域的划分结果

采集区域的划分结果如图 1-4 所示。

图 1-4　区域划分示意图

2）空间位置数据的采集结果

空间位置数据的采集结果如图 1-5 和图 1-6 所示。

图 1-5　采集要素示意图

图 1-6　符号含义

3）属性位置数据的采集结果（以行道树为例）

属性位置数据的采集结果（以行道树为例）如图 1-7 所示。

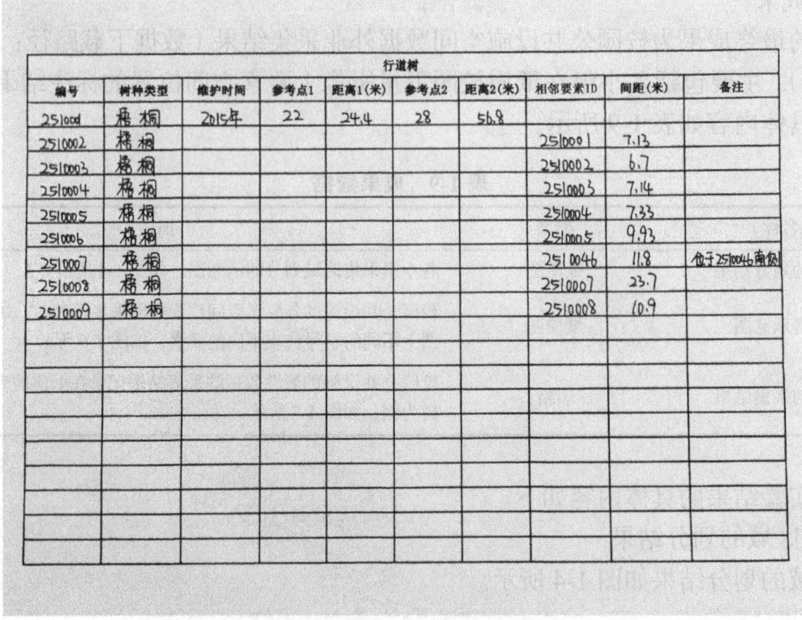

行道树									
编号	树种类型	维护时间	参考点1	距离1(米)	参考点2	距离2(米)	相邻要素ID	间距(米)	备注
251000	梧桐	2015年	22	24.4	28	56.8			
2510002	梧桐						2510001	7.13	
2510003	梧桐						2510002	6.7	
2510004	梧桐						2510003	7.14	
2510005	梧桐						2510004	7.33	
2510006	梧桐						2510005	9.93	
2510007	梧桐						2510046	11.8	位于2510046南侧
2510008	梧桐						2510007	23.7	
2510009	梧桐						2510008	10.9	

图 1-7　属性数据采集结果（以行道树为例）

五、思考与练习

（1）在本实验中，校园卫星影像上不清晰的要素（如路灯）是采用校园卫星影像上已有要素的空间位置作为参考点，结合各要素在校园中与参考点的空间关系进行定位的。请思考还有哪些外业采集方式可以获取要素的坐标信息。

（2）本实验为不同的采集要素设计了要素编码，请思考要素编码的作用。

（3）请学生对自身所在高校的校园公共设施进行外业采集。

实验二　空间数据内业录入

一、实验场景

空间数据的内业录入既是获取 GIS 矢量数据的主要手段，也是 GIS 数据生产、处理和建库过程的重要步骤之一。它利用遥感影像或基础地理数据，依托 GIS 软件的编辑处理环境，基于相应的空间数据标准，实现外业采集成果（图、卡片等资料）的内业矢量化录入。

针对矢量空间数据的内业录入工作，如何将外业采集到的各种图件、卡片等成果处理成符合标准的数据形式？空间数据的手工矢量数字化如何开展？空间数据与属性业务数据的一致性怎样保证？这些问题是任何一个 GIS 初学者在空间数据获取，特别是专题地理数据获取（相较于基础地理数据获取方法的标准化，专题地理数据获取的标准化程度不高）方面必须面对的。

本实验以"校园公共设施空间数据内业录入"为应用场景，基于校园卫星影像和外业采集成果，通过建立文件目录结构组织和管理校园公共设施空间数据，编制校园公共设施空间数据内业录入实施方案，开展图形和属性数据数字化录入工作，最终形成校园公共设施空间数据内业录入成果。

二、实验目标与内容

1. 实验目标与要求

（1）通过熟练掌握空间数据内业录入的一般性方法，促进实验人员对空间数据采集、处理和建库等相关知识的理解。

（2）掌握利用 GIS 软件开展空间数据内业录入的关键步骤，提高实验人员专题地理数据获取的设计与动手能力。

2. 实验内容

（1）校园公共设施空间数据内业录入方法。

（2）校园公共设施空间数据内业录入关键步骤主要包括：几何、属性数据录入及相应的关联关系构建。

三、实验数据与思路

1. 实验数据

本实验将空间数据外业采集实验的成果数据、校园卫星影像和校园平面示意图数据（数据下载路径：第一章\实验二\实验数据）作为空间数据内业录入的基础资料，具体使用的数据明细如表 1-10 所示。

表 1-10　数据明细

数据名称	类型	内容描述
FirstGroup.xlsx	Excel 表格	第一组采集要素属性及其参考点属性的采集结果
SecondGroup.xlsx	Excel 表格	第二组采集要素属性及其参考点属性的采集结果

续表

数据名称	类型	内容描述
ThirdGroup.xlsx	Excel 表格	第三组采集要素属性及其参考点属性的采集结果
FourthGroup.xlsx	Excel 表格	第四组采集要素属性及其参考点属性的采集结果
影像.png	图像文件	校园卫星影像文件
校园平面示意图.jpg	图像文件	校园平面示意图,其中注明了关键要素的对象名称

2. 思路与方法

校园公共设施空间数据的内业录入主要包括图形信息录入和属性信息录入。内业录入流程如图 1-8 所示。

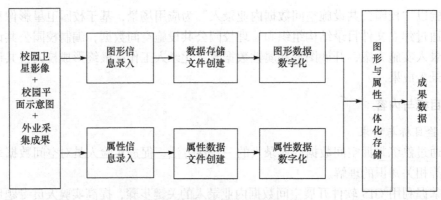

图 1-8　内业录入流程图

针对"图形信息录入"的问题,对于校园卫星影像中已有要素的几何数据,将"影像.png"作为底图,利用 GIS 软件的"数据编辑"功能,采集校园公共建筑设施、道路及草地等的图形数据。

针对"属性信息录入"的问题,以外业采集成果中的"卡片"(如道路宽度、道路类型等属性)为基础进行属性录入,首先采用 Excel 存储属性信息,其次采用 GIS 软件中的"导入数据集"功能,将 Excel 文件导入 UDBX 文件中,使之成为纯属性数据集,最后采用 GIS 软件"追加列"功能,将基于内业录入的图形信息结果(即存储在 UDBX 数据源的矢量数据集)中的唯一标识符(ID)和在 Excel 属性表中的唯一标识符(ID)进行关联。

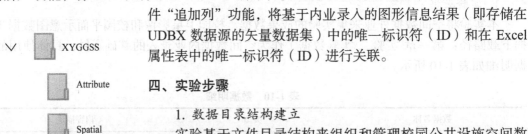

图 1-9　校园公共设施实验项目的数据目录结构

四、实验步骤

1. 数据目录结构建立

实验基于文件目录结构来组织和管理校园公共设施空间数据。校园公共设施实验项目的数据目录结构如图 1-9 所示。

其中,XYGGSS 文件夹是第一级目录结构,存储校园公共设施实验项目的所有数据。文件夹的名称"XYGGSS"是实验项目名称"校园公共设施"汉语拼音首字母的组合。

Attribute 和 Spatial 文件夹是 XYGGSS 文件夹的子文件夹,是第二级目录结构,分别存储校园公共设施实验项目的属性数据和空间数据。

空间数据由 SuperMap 文件型数据格式 UDBX 存储,每一类空间要素在 UDBX 中由一个数据集进行管理。为了规范和统一每一类要素的空间数据集的命名,本实验制定了空间数据集的命名规范,如表 1-11 所示。

属性数据采用 Excel 存储,文件名称以小组序号的英文命名,例如,第一小组的属性表命名为"FirstGroup.xlsx",以此类推。属性表中每一类校园公共设施要素的属性都单独做一个工作表。为了规范和统一工作表的命名,本实验制定了工作表的命名规范,如表 1-12 所示。

<table>
<tr><td colspan="2">表 1-11　校园公共设施空间数据集命名规范</td><td colspan="2">表 1-12　校园公共设施属性数据工作表命名规范</td></tr>
<tr><td>要素类型</td><td>名称</td><td>要素类型</td><td>工作表名称</td></tr>
<tr><td>道路</td><td>RoadLine</td><td>道路</td><td>RoadLine</td></tr>
<tr><td>公共建筑设施</td><td>All_Building</td><td>公共建筑设施</td><td>All_Building</td></tr>
<tr><td>草地</td><td>Grass</td><td>草地</td><td>Grass</td></tr>
<tr><td>林地</td><td>Wood</td><td>林地</td><td>Wood</td></tr>
</table>

综上,通过 GIS 软件数字化得到各要素的图形数据存储在 UDBX 文件中,通过 Excel 软件将各要素的属性数据录入属性表中,最后通过唯一的标识码来实现要素的图形数据和属性数据的连接,如图 1-10 所示。需要注意的是,为了保证各要素中的图形数据和属性数据一致,可以在 UDBX 文件中定义一个唯一标识符(ID)字段,在 Excel 数据表中也定义一个唯一标识符(ID)字段。在数字化和数据录入时,必须保证同一对象在 UDBX 文件中的唯一标识符(ID)和在 Excel 属性表中的唯一标识符(ID)相同。

图 1-10　图形数据和属性数据连接

2. 图形数据录入

1)数据存储文件创建

打开 SuperMap iDesktop,新建文件型数据源,以第一组为例,新建 Group1.udbx 数据源,保存在 XYGGSS\Spatial 文件夹中。

在 Group1.udbx 数据源中,分别创建 1 个线数据集 RoadLine,3 个面数据集 All_Building、Grass、Wood,为所有数据集添加字段用于记录对象编码,名称设置为"ID",字段类型设置为"文本型"，以 All_Building 为例，如图 1-11 所示。

图 1-11　创建数据集以及 ID 字段

2）图形数据数字化

将影像.png 导入 Group1.udbx 数据源中，校园空间数据的数字化直接基于校园卫星影像进行绘制。使用 SuperMap iDesktop 功能区中"对象操作"选项卡（图 1-12）提供的各类对象绘制工具将校园各类地物数据绘制在相应的图层中，绘制的同时注意录入该图形所对应的 ID 值。

图 1-12　"对象操作"选项卡

以第一小组 All_Building 数据为例，参考标有 ID 的影像数据（图 1-13），依次绘制对象并录入对应的 ID，录入结果如图 1-14 所示。

图 1-13　标有 ID 的影像数据

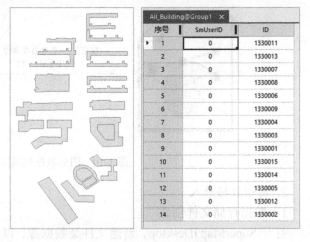

图 1-14　图形数字化成果

3. 属性数据录入

采用 Excel 存储校园外业采集的属性数据。以第一组采集成果为例，新建一个 Excel 文件，命名为 FirstGroup.xlsx。打开 FirstGroup.xlsx 文件，为每一类校园公共设施数据新建专题属性表，字段名称参考表 1-6 中制定的校园公共设施外业数据采集标准。参考校园平面示意图（图 1-15）上的属性信息和外业数据采集中记录的各要素的属性数据（图 1-16），手工录入到 Excel 的相应属性表中（图 1-17）。

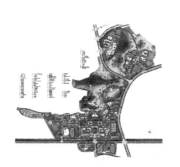

图 1-15　校园平面示意图

公共建筑设施面

编号	名称	类型	备注
1330001	学生宿舍	居住区	
1330002	学生宿舍	居住区	
1330003	学生宿舍	居住区	
1330004	理工科实验楼	教学区	
1330005	图书馆	服务区	
1330006	学生宿舍	居住区	
1330007	学生食堂	服务区	
1330008	综合教学实验楼	教学区	
1330009	行政楼	服务区	
1330011	篮球场	球场	
1330012	音乐楼	教学区	
1330013	音乐楼	教学区	
1330014	教学楼	教学区	
1330015	教学楼	教学区	

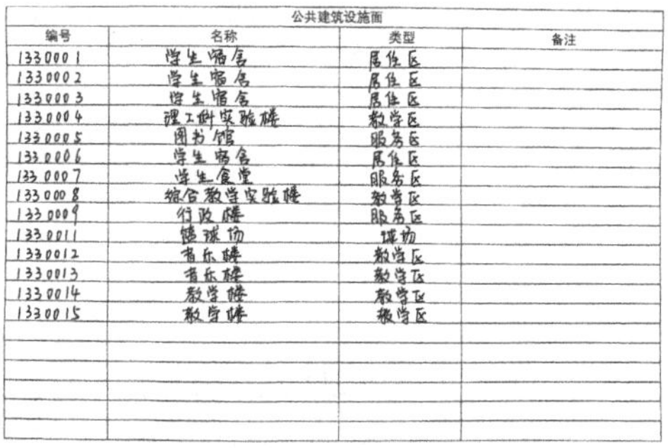

图 1-16　外业采集的属性数据

说明：本实验的实验数据提供了内业录入完成的 Excel 表格，未进行外业采集的实验者可直接使用该数据。

以 Excel 表格中记录的属性信息（如道路宽度、道路类型等）为基础，利用 SuperMap iDesktop 软件中的“导入数据集”功能，将 Excel 文件导入 UDBX 文件中，使之成为纯属性数据集（图 1-18）。

ID	Name	Type	B_Name
1330001	学生宿舍	居住区	
1330002	学生宿舍	居住区	
1330003	学生宿舍	居住区	
1330004	理工科实验楼	教学区	
1330005	图书馆	服务区	
1330006	学生宿舍	居住区	
1330007	学生食堂	服务区	
1330008	综合教学实验楼	教学区	
1330009	行政楼	服务区	
1330011	篮球场	球场	
1330012	音乐楼	教学区	
1330013	音乐楼	教学区	
1330014	教学楼	教学区	
1330015	教学楼	教学区	

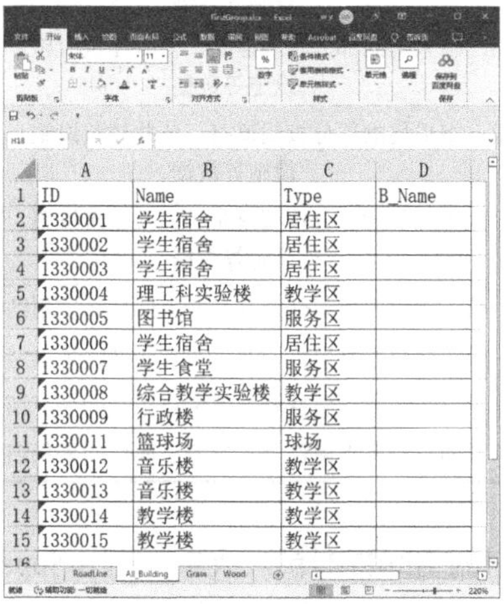

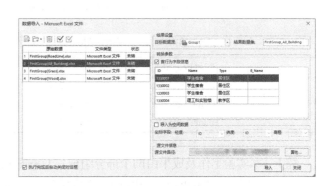

图 1-17　属性数据录入 Excel 中

图 1-18　Excel 文件导入 UDBX 文件

基于导入的纯属性数据集，利用“追加列”功能，将数字化成果（存储在 UDBX 数据源的矢量数据集）中的唯一标识符（ID）和在 Excel 属性表中的唯一标识符（ID）进行关联。如图 1-19 所示，以第一组采集的公共建筑设施 All_Building 为例，在“数据集追加列”对话框中，目标数据选择数据源为“Group1”，数据集为“All_Building”，连接字段为“ID”；源数据选择数据源为“Group1”，数据集为“FirstGroup_ All_Building”，连接字段为“ID”；追加字段选择“Name”“Type”“B_Name”。

图 1-19　数据集追加列对话框

4. 数据检查

各小组同学可能在数据采集或录入时没有严格按照要求来命名文件或字段、属性值的字符格式而导致图形属性关联时出现错误，这时需要认真检查小组数据的规范性，修正错误以保证数据的正确性。

5. 实验结果

本实验最终成果为各小组的内业录入成果文件（数据下载路径：第一章\实验二\成果数据），具体内容如表 1-13 所示。

表 1-13　成果数据

文件夹名称	数据名称	文件类型	描述
Spatial	Group1.udbx	SuperMap 文件型数据源	第一组采集的部分校园道路、公共建筑设施、其他设施等数据
	Group2.udbx	SuperMap 文件型数据源	第二组采集的部分校园道路、公共建筑设施、其他设施等数据
	Group3.udbx	SuperMap 文件型数据源	第三组采集的部分校园道路、公共建筑设施、其他设施等数据
	Group4.udbx	SuperMap 文件型数据源	第四组采集的部分校园道路、公共建筑设施、其他设施等数据
Attribute	FirstGroup.xlsx	Excel 表格	第一组对要素属性及其参考点属性的采集结果
	SecondGroup.xlsx	Excel 表格	第二组对要素属性及其参考点属性的采集结果
	ThirdGroup.xlsx	Excel 表格	第三组对要素属性及其参考点属性的采集结果
	FourthGroup.xlsx	Excel 表格	第四组对要素属性及其参考点属性的采集结果

综上，本实验工作及成果由两个部分组成：①采集小组的空间数据录入成果，使用 SuperMap 文件型数据源文件（*.udbx）存储校园公共设施的空间数据（包含图形信息和属性信息）；②各组基于外业采集的属性信息和校园平面示意图上的属性信息进行内业录入，生成 Excel 文件。

五、思考与练习

（1）本实验以校园卫星影像（影像.png）为底图进行图形数据的数字化，请思考能否以第三方在线地图作为底图进行图形数字化。如果可以，如何实现？

（2）在本实验中关联要素的几何信息和属性信息采用的是 GIS 软件的"追加列"功能，请思考能否采用"追加行"的功能。两者有何区别？

（3）请学生对自身所在高校的校园公共设施的外业采集结果进行内业录入。

第二章　空间数据处理

实验一　图形拼接与拓扑生成

一、实验场景

在面对以分幅或分区域方式采集和录入的数据时，通常需要利用图形拼接和拓扑生成手段对相邻图幅数据进行整合处理，其正确的处理方法和流程对于空间数据的质量至关重要。图形拼接是对相邻图幅数据整合处理的重要手段之一。对于相邻图幅边缘部分，由于原图本身的数字化误差，或是坐标系统、编码方式等不统一，同一实体的线段或弧段的坐标数据不能相互衔接，需进行图幅数据边缘匹配处理。而拓扑生成同样也是相邻图幅数据整合处理的重要内容，在图形修改完毕后，需要对图形要素建立正确的拓扑关系。

针对图形拼接问题，相邻图幅/区域数据的逻辑一致性如何处理？如何识别和检索相邻图幅/区域的数据？图形数据怎样实现接边？多边形数据如何融合？这些都是图形拼接过程中遇到的关键问题。而针对拓扑数据生成问题，哪些要素间的拓扑关系存在错误，线要素拓扑如何处理，网络拓扑处理的流程是什么，都需要通过拓扑生成实验一一解决。

本实验以"校园公共设施空间数据处理"为应用场景，面向校园道路线、建筑物面等分幅/分区域的内业录入数据，基于 GIS 软件中相应的数据处理工具，开展以图形拼接、拓扑生成等为主的空间数据处理实验，为数据组织与管理提供高质量的空间数据源。

二、实验目标与内容

1. 实验目标与要求

（1）熟练掌握对分幅数据处理的相应技术方法。

（2）掌握拓扑生成的一般工序和处理方法。

2. 实验内容

（1）分幅录入的校园数据整合拼接的相关方法主要包括：图幅接边、批量追加行、数据融合。

（2）校园空间数据质量的检查与拓扑处理。

三、实验数据与思路

1. 实验数据

本实验数据采用 Process.smwu（数据下载路径：第二章\实验一\实验数据）文件内容，具体如表 2-1 所示。

表 2-1　数据明细

数据名称	类型	描述
Group1.udbx	SuperMap 数据源文件	文件型数据源，包含第一小组采集的部分校园道路、公共建筑设施、草地、林地、水域数据
Group2.udbx	SuperMap 数据源文件	文件型数据源，包含第二小组采集的部分校园道路、公共建筑设施、草地、林地、水域数据

数据名称	类型	描述
Group3.udbx	SuperMap 数据源文件	文件型数据源，包含第三小组采集的部分校园道路、公共建筑设施、草地、林地、水域数据
Group4.udbx	SuperMap 数据源文件	文件型数据源，包含第四小组采集的部分校园道路、公共建筑设施、草地、林地、水域数据

2. 思路与方法

校园公共设施空间数据处理主要解决图形拼接及拓扑生成的问题。

（1）针对"图形拼接"处理过程，首先，要判断相邻图幅的空间数据是否保持逻辑一致性，若因分幅录入而产生逻辑裂隙，则利用 GIS 软件中相应的"数据编辑"功能修正错误；其次，识别相邻图幅横向、纵向拼接顺序，利用 GIS 软件的"图幅接边"功能，按照图幅顺序将相邻图幅的边缘线对象进行衔接。针对相同属性的多边形公共边的融合问题，利用 GIS 软件的"数据融合"功能进行处理。

（2）针对"拓扑生成"处理过程，通过 GIS 软件的"拓扑检查与处理"功能，利用拓扑规则检查校园数据间的拓扑关系，同时为了满足路径分析、通达性分析等多种网络分析的计算，还需要利用 GIS 软件的"构建二维网络"功能构建具有拓扑关系的路网数据。图形拼接与拓扑生成流程如图 2-1 所示。

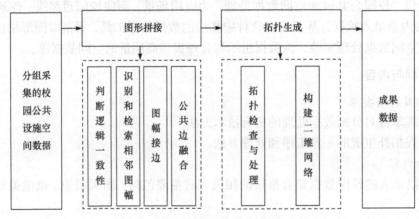

图 2-1　图形拼接与拓扑生成流程图

四、实验步骤

1. 图形拼接

由于内业录入时将校园划分成四块区域分别录入，这可能造成同一实体的数据不能相互衔接，或是同一对象被分割成多个对象，影响执行 GIS 处理与分析任务。图形拼接是对相邻图幅数据整合处理的重要手段，可按照以下四个步骤进行。

1）判断逻辑一致性

由于人工操作的失误，两个相邻图幅的空间数据源在接合处可能出现逻辑裂隙，此时便需要检查相邻图斑属性是否相同，取得逻辑一致性。

（1）打开工作空间 Process.smwu，分别将数据源 Group1、Group2、Group3、Group4 中的校园水域面数据集 Water 添加到地图窗口中，每个分幅图层会以不同的随机风格进行显示，如图 2-2 所示。

（2）在图层管理器中选中"Water@Group4"，点击右键选择"制作专题图"，在弹出的"制作专题图"对话框中，选择"标签专题图"→"统一风格"选项，点击"确定"按钮，如图 2-3 所示。

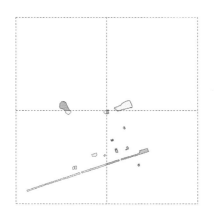

图 2-2　分幅录入的校园水域数据

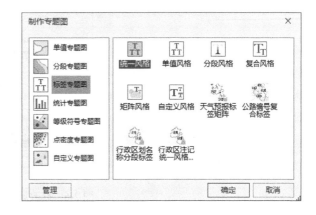

图 2-3　制作标签专题图

在右侧的"专题图"窗口中，在"属性"标签下将标签表达式选择为"name"，在"风格"标签下可设置标签专题图的字体效果，如勾选"加粗"优化标签显示效果，如图 2-4 所示。

（3）依此方法，分别对四组分幅录入数据的校园水域数据制作标签专题图，以达到对图斑名称属性进行快速、批量标注的目的，如图 2-5 所示。

图 2-4　标签专题图参数设置

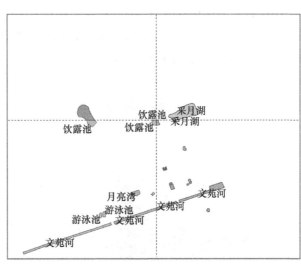

图 2-5　标注图斑属性

（4）检查相邻图斑属性是否相同，若存在逻辑错误，必须使用交互编辑的方法，使两相邻图斑的属性相同，取得逻辑一致性。

由图 2-5 可看出，Water@Group4 图层中正北处有一图斑属性为"饮露池"，明显存在逻辑错误。在地图窗口中双击该对象选中，在右侧弹出的"属性"面板中，将"name"字段值修改为"无名湖"，将与其相邻的 Water@Group1 图层中对应图斑的"name"属性同样修改为

"无名湖"，如图 2-6 所示。

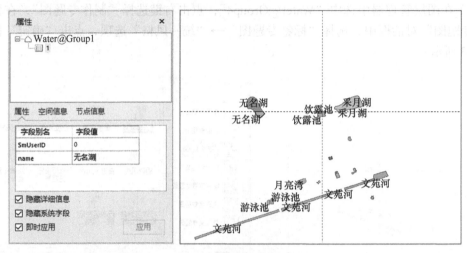

图 2-6　修改属性信息

2）识别和检索相邻图幅

图幅的拼接总是在相邻两图幅之间进行的，要将相邻两图幅之间的数据集中起来，就要识别待拼接图幅数据的横向、纵向拼接顺序。

将待拼接的图幅数据进行编号，编号有两位，其中十位数表示图幅的横向顺序，个位数表示图幅的纵向顺序。进行横向图幅拼接时，将十位数编号相同的图幅收集在一起；进行纵向图幅拼接时，将个位数编号相同的图幅收集在一起。因此根据四组校园分幅录入数据的横向、纵向顺序，将数据源 Group1 重命名为 NO.21、数据源 Group2 重命名为 NO.22、数据源 Group3 重命名为 NO.12、数据源 Group4 重命名为 NO.11。以此方法对相邻图幅进行编号，用于后续识别和检索相邻图幅（图 2-7）。

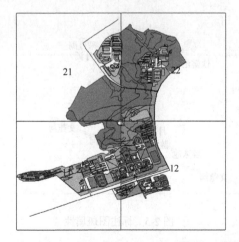

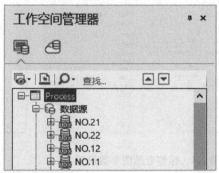

图 2-7　识别相邻图幅

3）图幅接边

对于分幅录入的校园公共设施空间数据，将地图拼接成一幅图时，通常会存在图幅边缘对象不衔接的问题，此时可以通过图幅接边将相邻图幅的边缘线对象衔接。

（1）在"数据"选项卡的"数据处理"组中，点击"图幅接边"按钮。在弹出的"图幅接边"对话框中，"源数据"选择 NO.21 中的校园道路数据"RoadLine"，"目标数据"选择 NO.22 中的校园道路数据"RoadLine"。在参数设置中，"接边模式"选择"中间位置接边"，表示接边连接点为目标数据集和源数据集接边端点的中点，源数据集和目标数据集中的接边端点将移动到该连接点。"接边容限"则用于设置源数据与目标数据中线接边的容限值，在此保持默认即可。勾选"接边融合"复选框，将接边的源对象和目标对象融合，即将 NO.21 图幅中的校园道路数据追加到 NO.22 图幅中相应的位置。同时，在"属性保留"下拉框中，选择"非空属性"，即保留源数据和目标数据接边对象中非空的属性值，若源数据与目标数据接边对象均为非空属性，则保留源数据接边对象的属性值。点击"确定"按钮，执行操作，如图 2-8 所示。

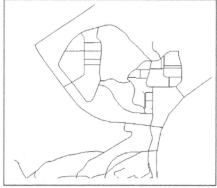

图 2-8　图幅接边

注意：图幅接边将直接修改目标数据集，建议在进行该操作前对目标数据集进行备份。

（2）依此方法，对 NO.11 与 NO.12 中的校园道路数据 RoadLine 进行接边处理，即将 NO.11 图幅中的校园道路数据追加到 NO.12 图幅中的相应位置。然后对追加后的 NO.22 和 NO.12 图幅进行接边处理，最终全部整合到 NO.12 图幅中，得到完整校园道路线数据，如图 2-9 所示。

4）公共边融合

当图幅内图形数据完成拼接后，相邻图斑会有相同属性。此时，应将相同属性的两个或多个相邻图斑组合成一个图斑，即消除公共边界，并对共同属性进行合并。

（1）在"数据"选项卡的"数据处理"组中，点击"批量追加行"按钮。在"数据源追加行"对话框中，目标数据源选择"NO.12"，源数据源选择"NO.11"，目标数据集勾选"All_Building""Grass""Wood""Water"，即将数据源 NO.11 中的校园公共建筑设施、草地、林地和水域数据集的记录追加到数据源 NO.12 对应的数据集中，点击"确定"按钮，执行操作。

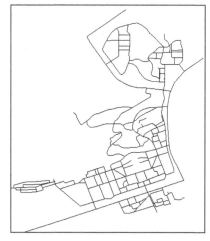

图 2-9　完整校园道路数据

（2）重复执行"批量追加行"操作，将 NO.21、NO.22 中的"All_Building""Grass""Wood""Water"数据集都追加到数据源 NO.12 中，如图 2-10 所示。

 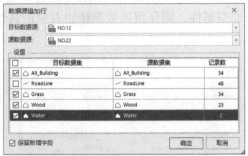

图 2-10　数据源追加行

追加完成后得到完整校园公共建筑设施、草地、林地和水域面数据，如图 2-11 所示。

（3）以水域数据集 Water 为例介绍相邻图斑公共边界消除方法。在数据源 NO.12 中，选中数据集 Water，点击右键选择"浏览属性表"，查看属性信息（图 2-12）。经观察发现，可以利用字段 name 来进行融合处理，将相同属性的两个或多个相邻图斑组合成一个图斑，即消除公共边界，并对共同属性进行合并。

图 2-11　批量追加行后数据展示　　　　　图 2-12　浏览 Water 属性表

（4）在"数据"选项卡的"数据处理"组中，点击"融合"按钮。在"数据集融合"对话框中，源数据选择"NO.12"数据源中的"Water"数据集，融合字段选择"name"。融合模式选择"融合"，融合容限保持默认，因存在 name 字段值为空的对象，可勾选"处理融合字段值为空的对象"复选框，将容限范围内字段值同时为空的对象进行融合。结果数据集命名为"Water_1"，点击"确定"按钮，执行操作（图 2-13）。

图 2-13　数据集融合参数设置（以 Water 为例）

（5）将数据集 Water_1 添加到地图窗口显示，可以看到经数据融合后，融合字段属性相同的两个或多个相邻图斑组合成一个图斑，消除了公共边界，如图 2-14 所示。

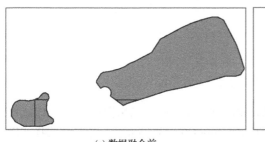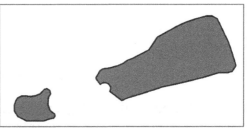

(a) 数据融合前　　　　　　　　　　　　　　(b) 数据融合后

图 2-14　数据融合前后对比

（6）没有相同属性字段的相邻对象消除公共边界可采用合并的方法，以 Grass 数据集为例，由于对象编辑直接修改数据集，这里先通过复制数据集的方式复制一个 Grass 数据集命名为"Grass_1"，将 Grass_1 数据集添加到新地图窗口并开启图层编辑，在地图窗口同时选中两个或多个相邻对象，在鼠标右键菜单中选择"合并"，如图 2-15 所示，同样可以消除公共边界。

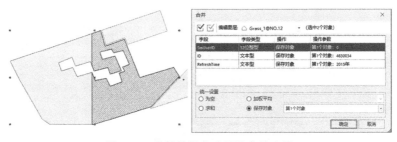

图 2-15　数据编辑方式消除公共边界

2. 拓扑生成

在图形修改完毕后，需要对图形要素建立正确的拓扑关系，可以通过拓扑检查和处理排除不符合拓扑规则的对象，保证数据质量。下面以基于 RoadLine 数据集建立道路网络数据为例介绍。

1）拓扑检查

（1）点击"数据"选项卡下"拓扑"组中的"拓扑检查"按钮，在"数据集拓扑检查"对话框中，添加图幅接边后的完整道路线数据 RoadLine。在参数设置中，拓扑规则选择"线内无悬线"，即检查线对象的端点是否连接到其他线的内部或线的端点，包括长悬线和短悬线两种情况，容限值保持默认设置，勾选"拓扑预处理"复选框，系统会根据设置的容限值对待检查数据集中的拓扑错误进行预处理，结果数据默认命名为"TopoCheckResult"，点击"确定"按钮，执行操作，如图 2-16 所示。

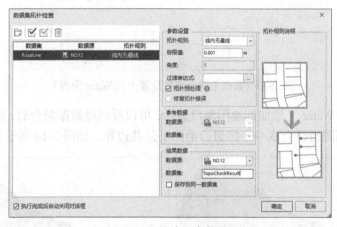

图 2-16　拓扑检查参数设置

（2）在数据源 NO.12 中，将道路线数据集 RoadLine 与拓扑检查结果数据集 TopoCheckResult 添加到同一地图窗口中显示，在图层管理器中选中 TopoCheckResult，点击右键选择"图层风格"。在右侧的"风格"窗口中，可设置拓扑检查结果的符号颜色和符号大小，便于在地图窗口中突出显示拓扑检查结果，如图 2-17 所示。

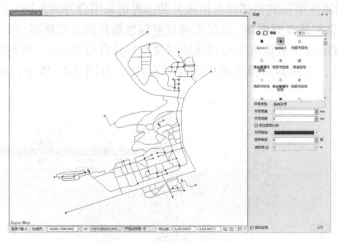

图 2-17　拓扑检查结果展示

（3）利用"地图"选项卡中的"地图量算"检查错误悬线的长度值，如图 2-18 所示。

2）拓扑处理

（1）点击"数据"选项卡下"拓扑"组中的"线拓扑处理"按钮，在"线数据集拓扑处理"对话框中，选择道路数据集 RoadLine，勾选"拓扑错误处理选项"中的相应复选框。其中，"弧段求交"操作可以将线对象从交点处打断，分解为多个有相连关系的简单线对象。

（2）点击"高级"按钮，在"高级参数设置"对话框中，根据上一步骤检查出的错误悬线的长度值，将短悬线容限和长悬线容限设置为"5m"，节点容限保持默认，点击"确定"按钮，如图 2-19（a）所示。回到"线数据集拓扑处理"对话框中，点击"确定"按钮，执行操作，如图 2-19（b）所示。

线拓扑处理前后对比如图 2-20 所示。

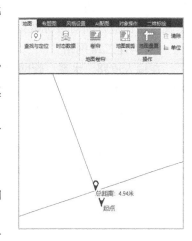

图 2-18　地图量算

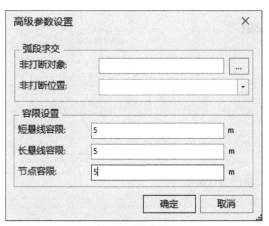

(a) 高级参数设置

(b) 线数据集拓扑处理对话框

图 2-19　线拓扑处理参数设置

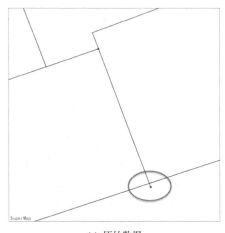

(a) 原始数据

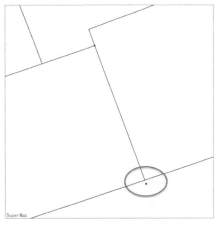

(b) 拓扑处理数据

图 2-20　线拓扑处理前后对比

提示：由于拓扑处理操作是在选定的线数据集上直接进行的，不会生成新的结果数据集，建议在拓扑检查前对目标数据进行备份。

3）构建二维网络

在输入道路、水系、管网等信息时，为了进行流量、连通性、最佳路线分析，需要确定实体间的连接关系。

在"交通分析"选项卡的"路网分析"组中，点击"拓扑构网"下拉框，选择"构建二维网络"按钮，在弹出的"构建二维网络数据集"对话框中，添加经拓扑检查与处理的校园道路数据集 RoadLine，结果数据集名称设置为"RoadNetwork"，在打断设置中勾选"线线自动打断"，点击"确定"按钮，执行操作，如图 2-21 所示。

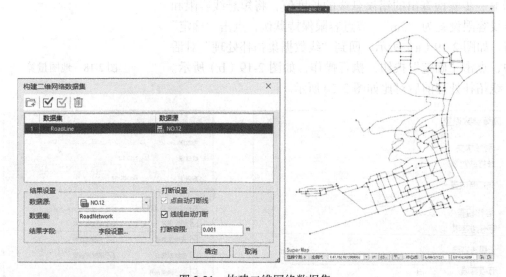

图 2-21　构建二维网络数据集

3. 实验结果

本实验最终成果为 Process.smwu（数据下载路径：第二章\实验一\成果数据），成果数据整合到 NO.12 数据源中，具体内容如表 2-2 所示。

表 2-2　成果数据

数据名称	类型	描述
RoadLine	线	图幅接边并拓扑处理后的校园道路线数据
Water	面	批量追加行后的校园水域面数据
All_Building	面	批量追加行后的校园公共建筑设施面数据
Wood	面	批量追加行后的校园林地面数据
Grass	面	批量追加行后的校园草地面数据
Water_1	面	融合后的校园水域面数据
All_Building_1	面	消除公共边界后的校园公共建筑设施面数据
Wood_1	面	消除公共边界后的校园林地面数据
Grass_1	面	消除公共边界后的校园草地面数据
TopoCheckResult	点	道路拓扑检查结果数据
RoadNetwork	网络	道路网络数据

综上，本实验对四个组分幅录入的校园数据进行拼接与处理，排除一些不符合拓扑规则的对象，并构建具有正确拓扑关系的路网数据，最终得到完整校园基础空间数据。

五、思考与练习

（1）"批量追加行"功能是将一个或几个数据集中的数据追加到另一个数据集中，该方法是否存在弊端或前置条件？你能否想出其他的实现方法？

（2）在数据集融合参数设置中，融合模式提供了三种模式，它们的区别是什么？

（3）用于进行拓扑检查和拓扑预处理的容限值是如何确定的？

（4）由于点、线、面数据集分别适用于不同的拓扑规则，分别对其余校园数据采用合适的拓扑规则进行拓扑检查操作练习，以检查校园数据是否还存在不符合拓扑规则的对象。

实验二　地　图　配　准

一、实验场景

空间数据可以通过扫描地图和卫星影像，以及通过航空摄像机采集等多种来源获取，受采集方式、精度及获取渠道等因素的影响，经常会遇到扫描地图和历史数据不包含空间参考信息，或原始空间数据虽包含位置信息，但与其他空间数据存在地理坐标或地图投影有差异的情况，这就需要通过地图配准等技术手段对其进行地理数学基础的处理。地图配准是通过参考数据集（图层）对配准数据集（图层）进行空间位置纠正和变换的过程：基于确定的配准算法（如线性配准、二次多项式配准、矩形配准等）和控制点信息，通过定义投影和投影变换等方法，实现对配准数据集（图层）的配准，进而获得与参考数据集（图层）空间位置一致的配准结果数据集。

在地图配准过程中，经常会遇到以下问题：哪些空间数据需要配准处理？图面的控制点如何选取以保障配准后的数据质量？怎样选择/设置投影参数以实现不同坐标系统的空间数据统一到相同坐标系统下？投影如何变化？

本实验以"校园公共设施地图配准"为应用场景，围绕"将校园数据纠正到正确的空间参考下、统一投影坐标系统"等问题，基于内业录入的校园公共设施空间数据及 GPS 控制点信息，利用 GIS 软件中的配准和投影工具，开展包含地图配准、定义坐标系及空间数据投影转换等在内的实验，以获得基于 GCS_WGS1984 参考椭球体的 UTM 投影坐标系下的校园公共设施空间数据集。

二、实验目标与内容

1. 实验目标与要求

（1）掌握地图配准的技术方法，促进实验人员对地图配准、空间参考相关知识的理解。

（2）掌握利用 GIS 软件开展地图配准的具体操作流程，提高实验人员对空间数据地理数学基础处理的动手能力。

2. 实验内容

（1）校园公共设施空间数据地图配准。

（2）为校园公共设施空间数据定义坐标系。

（3）校园公共设施空间数据投影转换。

三、实验数据与思路

1. 实验数据

本实验数据采用控制点坐标信息.xlsx 和 Transform.udbx（数据下载路径：第二章\实验二\实验数据），具体的数据明细如表 2-3 所示。

表 2-3　数据明细

文件名称	类型	内容描述
控制点坐标信息.xlsx	Excel 表格	存储控制点坐标信息的表格文件
Transform.udbx	UDBX	校园数据，包括校园卫星影像、校园公共建筑设施、道路、水域、草地、林地矢量数据

2. 思路与方法

基于校园公共设施空间数据和 GPS 控制点信息，对校园空间数据坐标和投影进行校正，主要通过地图配准、坐标系统重新设定、投影转换三个关键步骤实现。

（1）地图配准，主要利用 GIS 软件的"配准"功能，依次通过新建配准环境、选择配准算法与控制点、计算误差并执行配准、保存控制点文件批量配准的操作实现校园公共设施空间数据坐标值的校正。

（2）坐标系统重新设定，利用 GIS 软件的"投影设置"工具，重新设置数据的坐标系，保证配准后的数据坐标与空间参考系统的一致性。

（3）投影转换，利用 GIS 软件的"投影转换"工具，将校园数据转换到指定的投影坐标系下，便于对校园数据进行距离、面积及更复杂的空间分析任务计算。地图配准流程如图 2-22所示。

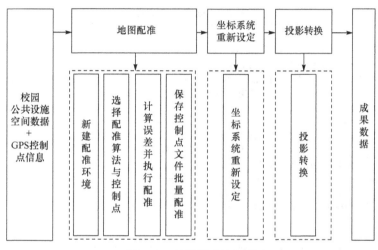

图 2-22 地图配准流程图

四、实验步骤

1. 校园数据配准

1）新建配准

（1）点击"开始"选项卡下"数据处理"组中"配准"下拉菜单里的"新建配准"按钮，在"选择配准数据"对话框中，添加待配准的校园道路线数据集 RoadLine，点击"下一步"按钮执行操作，如图 2-23所示。

图 2-23 选择配准数据

（2）因为本实验利用控制点坐标信息对数据集进行配准，不需要参考数据集，所以在弹出的"选择参考数据"对话框中，可跳过配准参考数据的选择，进行单图层配准，直接点击"完成"按钮，如图 2-24 所示。

2）控制点与配准算法的选择

（1）配准算法的选择。SuperMap iDesktop 提供 4 种配准算法，包括线性配准、二次多项式配准、矩形配准和偏移配准。配准算法说明见表 2-4。

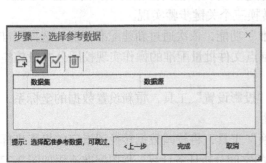

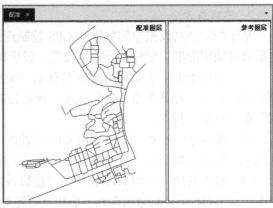

图 2-24　单图层配准

表 2-4　配准算法说明

配准算法	说明
线性配准	线性配准也称仿射变换，是最常用的一种配准方法。这种配准方法假设地图因变形而引起的实际比例尺在 X 方向和 Y 方向上不相同，因此具有纠正地图变形的功能。在配准过程中，需要选择控制点，控制点是具有经纬度坐标的点。使用线性配准方法，至少要选取 4 组控制点。在进行地形图配准时常使用这种配准方法
二次多项式配准	二次多项式配准是常用的精度较高的配准方法。对于变形比较严重的图像，使用二次多项式配准方法可以得到较高的精度。对于二次多项式配准，一般要求控制点至少为 7 组，适当增加控制点的个数，可以明显提高数据配准的精度
矩形配准	矩形配准是一种简单方便的配准纠正方法，因为输出结果不会计算误差，所以其配准的精度不可知；是一种精度不高的粗纠正方法。如果原图像为矩形，输出后图像还是矩形，那么可以用这种方法，选择两组控制点即可
偏移配准	偏移配准仅需要一组控制点和参考点，分别对 X 坐标和 Y 坐标求差值，再利用差值对原数据集所有组坐标点进行偏移

　　根据不同配准算法的特点，针对校园空间数据，为了获得更高的数据精度，本实验选择"二次多项式配准"。在"配准"选项卡"运算"组"配准算法"下拉菜单中选择"二次多项式配准（至少 7 个控制点）"。

　　（2）控制点选择。打开控制点坐标信息.xlsx，根据其中记录的控制点描述信息，在配准图层中选择相同空间位置的特征点进行刺点，并手动输入对应控制点的正确坐标值（即目标点 X 坐标和目标点 Y 坐标），由于控制点坐标信息文件中涉及 All_Building 数据集中的参考对象，将 All_Building 数据集拖至配准图层窗口显示，添加控制点结果如图 2-25 所示。

　　提示：①控制点一般应选择标志较为明确、固定，并且在配准图层和参考图层上都容易辨认的突出地图特征点，如道路的交叉点、河流主干处、田地拐角等。选取的控制点分布要均匀，否则控制点较密集的区域配准精度较好，而控制点较稀疏的区域配准的精度较差。②在选取控制点时，要尽量将选控制点的区域放大，可以减少误差。如果是对矢量数据进行配准，那么可以采用捕捉工具，精确地选取控制点位置。如果有参考图层，控制点最好成对选取，即在配准图层选择一个控制点后，再在参考图层上选择一个控制点。如果没有参考图层，那么双击控制点列表中的记录，可以手动输入正确的目标坐标。

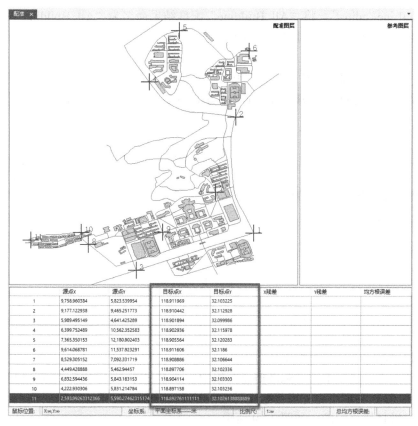

图 2-25　添加控制点

3）计算误差并执行配准

（1）在"配准"选项卡的"运算"组中，点击"计算误差"按钮 ▦，以校验控制点选择的精度，如图 2-26 所示。

▲	源点X	源点Y	目标点X	目标点Y	X残差	Y残差	均方根误差	▲
4	6,399.752489	10,562.352583	118.902936	32.115978	0.000042	0.000013	0.000044	
5	7,365.350153	12,180.902403	118.905564	32.120283	0.000039	0.000016	0.000043	
6	9,614.068781	11,537.923291	118.911606	32.1186	0.000009	0.000042	0.000043	
7	8,529.305152	7,092.331719	118.908886	32.106644	0.000141	0.000017	0.000142	
8	4,449.428888	5,462.94457	118.897706	32.102336	0.000044	0.00007	0.000083	▼

| 鼠标位置： | X:3116.089323, Y:3868.897677 | 坐标系： | 平面坐标系——米 | 比例尺： | 1:50416.6927361204 | 总均方根误差： | 0.0000676656 |

图 2-26　计算误差

（2）若误差过大，可选中误差较大的控制点，在"配准"选项卡的"控制点设置"组中，点击"编辑点"按钮 ▨，重新刺点。重复此过程直至计算误差在配准精度的要求范围内。

（3）保存配准信息。在"配准"选项卡的"配准信息"组中，点击"导出"按钮 ⬆，导出配准信息文件（*.drfu）。这一步操作是为了方便对其他校园卫星影像数据、校园矢量面数据等进行快速配准，免去重复刺点的过程。其中，配准信息文件保存了配准算法信息及控制点的信息等内容。

（4）在"配准"选项卡的"运算"组中，点击"配准"按钮 ▨。在弹出的"配准结果设置"对话框中，可设置配准结果数据集另存位置及数据集名称，在此将"RoadLine"配准结果命名为"RoadLine_adjust"，将"All_Building"配准结果命名为"All_Building_adjust"。点击"确定"按钮，得到配准结果数据集，如图 2-27 所示。

（4）校园空间数据批量配准

（1）在"开始"选项卡"数据处理"组"配准"的下拉菜单中点击"新建配准"按钮，在弹出的"步骤一：选择配准数据"对话框中，添加其余校园数据，点击"下一步"，如图 2-28 所示。

图 2-27　配准结果设置　　　　　　　　图 2-28　对其余校园数据进行配准

（2）在弹出的"选择参考数据"对话框中，直接点击"完成"按钮，进入配准窗口。

（3）在"配准"选项卡的"配准信息"组中，点击"导入"按钮 ，导入已保存的配准信息文件（*.drfu），利用已有配准信息文件中的控制点坐标，对同一区域、同一坐标系下的多个数据集进行批量快速配准，如图 2-29 所示。

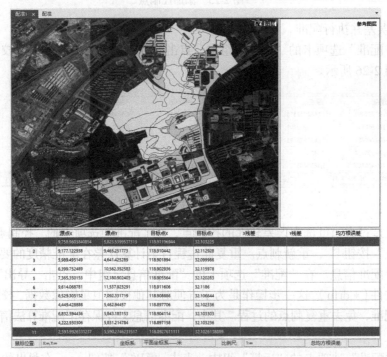

图 2-29　批量配准

（4）在"配准"选项卡的"运算"组中，点击"计算误差"按钮 ，以校验控制点选择的精度。

（5）当计算误差在配准精度的要求范围时，即可在"配准"选项卡的"运算"组中，点击"配准"按钮 🎛。在配准结果设置对话框中为配准结果数据集命名，在此使用默认名称，点击"确定"按钮，如图 2-30 所示。

图 2-30　批量配准结果设置

2. 校园数据坐标系统重新设定

在数据源 Transform 中，查看配准后的校园数据的属性信息，坐标系信息为平面无投影坐标系。但是数据的坐标值是根据经纬度坐标值配准得到的结果，此时应将配准结果数据集重新设定为 GCS_WGS 1984 坐标系。

选中数据集 RoadLine_adjust，点击鼠标右键，选择"属性"。在其"属性"对话框中"坐标系"标签下点击"重新设定坐标系..."下拉框 🎛 ，找到"GCS_WGS 1984"坐标系，为数据集重新设定坐标系，如图 2-31 所示。

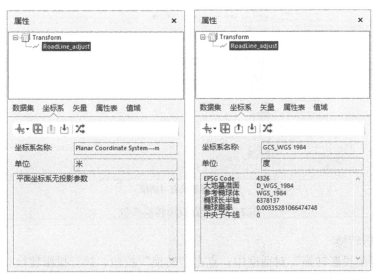

图 2-31　重新设定坐标系

依此方法对其余校园数据设定正确的坐标参考系统。

3. 校园数据投影转换

投影转换的实质是建立两个空间参考系之间点的一一对应关系，为了方便对校园数据进行距离、面积及更复杂的空间分析任务计算，需要使用具有投影坐标参考系统的校园数据。

现将配准后的校园数据通过投影变换统一到 UTM Zone 50, Northern Hemisphere（WGS 1984）（EPSG Code：32650）投影坐标系下，以便实现空间分析等操作。

1）设置投影变换参数

点击"开始"选项卡"数据处理"组"投影转换"下拉菜单中的"数据集投影转换"按钮，在"数据集投影转换"对话框[图 2-32（a）]中，将结果数据集命名为"RoadLine_Transform"。在目标坐标系设置中，点击"重新设定坐标系…"→"更多…"。在"坐标系设置"对话框中，输入坐标系名称"UTM Zone 50, Northern Hemisphere"，或通过 EPSG Code（32650）进行搜索，如图 2-32（b）所示。选中该投影坐标系，点击"应用"按钮。

（a）数据集投影转换对话框

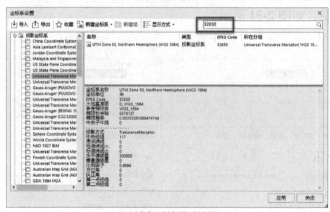

（b）坐标系设置对话框

图 2-32　设置投影转换参数

2）执行投影转换

回到"数据集投影转换"对话框中，点击"转换"按钮，执行投影转换。

3）其余数据集投影转换

依此方法对其余数据集进行投影转换，将校园数据统一到 UTM Zone 50, Northern Hemisphere（WGS 1984）投影坐标系下，以方便后续空间分析等操作。

提示：如果数据集缺乏坐标系信息，首先要通过"定义坐标系"的操作为其指定正确的坐标系统，才能继续进行投影任务。

4. 实验结果

本实验最终成果为 Transform.udbx（数据下载路径：第二章\实验二\成果数据），具体内容如表 2-5 所示。

表 2-5　成果数据

数据名称	类型	描述
RoadLine_Transform	线	校园道路线数据
All_Building_Transform	面	校园建筑物面数据
Water_Transform	面	校园水域面数据
Wood_Transform	面	校园林地面数据
Grass_Transform	面	校园草地面数据
Png_Transform	影像	校园卫星影像数据

综上，本实验的实验结果是具有了正确的空间参考，并统一到 UTM Zone 50, Northern Hemisphere（WGS 1984）投影坐标系下的校园数据。

五、思考与练习

（1）实验中介绍了地图配准、坐标系统重新设定与投影转换三种方法，它们之间有何区别？分别适用于什么场景？

（2）在数据配准过程中，配准算法的选择依据是什么？控制点的选取应遵循什么要求？

（3）简述选择投影需要考虑哪些因素。

（4）数据集投影转换参数设置中，目标坐标系提供了四种设置方式：来自数据源、来自数据集、投影设置、导入投影文件。分别通过这四种方式将校园数据转换成自定义投影坐标系，进行投影转换操作练习。

实验三　空间数据重构与处理

一、实验场景

通常情况下，只要数据生产者在获取空间数据时采用的数据采集与处理平台有差异，地理对象的空间表达和属性数据存储及表现方法就不同，进而形成了类型各异的空间数据格式和不同来源的空间数据文件。在空间数据的集成、融合、共享及二次加工处理等重要的 GIS 应用领域，一般都需要通过数据重构与处理，才能实现结构、格式不同的数据文件的深入利用。数据重构主要包括数据结构的转换和数据格式的转换。通用的空间数据结构有栅格和矢量两种，在 GIS 中，它们之间的相互转换是经常性的。此外，GIS 研究机构和企业有很多，它们所使用的数据格式往往不尽相同，为了实现相互之间的数据和资源共享，也需要对数据格式进行转换。

基于相关软件完成空间数据的重构与处理，可能会面对几个关键性的问题，例如，GIS 平台软件有哪些可供开展空间数据重构与处理的工具模块？其空间数据格式转换的能力如何？能支持多少种的格式转换？数据结构转换，其精度和质量如何保证？自动化程度如何？包含裁剪、提取等功能的数据处理如何实现？这些问题的解决，将有助于实验人员强化理解数据重构与处理的相关课程知识点，提升相应软件的应用能力。

本实验以"校园公共设施空间数据重构与处理"为应用场景，围绕上述问题，针对不同来源、不同格式的校园空间数据，利用 GIS 平台软件中的数据格式转换、矢栅互转等工具，重点开展格式转换、数据提取和结构转换等实验，形成更加多样化的校园公共设施目标空间数据源，进而为后续实验提供数据支撑。

二、实验目标与内容

1. 实验目标与要求

（1）掌握空间数据重构与处理的一般性方法，促进实验人员增强对空间数据的格式及结构转换、数据提取及裁剪处理等相关知识的理解。

（2）掌握利用 GIS 软件开展空间数据重构与处理的具体操作流程，提高实验人员空间数据处理的动手能力。

2. 实验内容

（1）校园公共设施空间数据的格式转换。

（2）校园公共设施空间数据的提取与裁剪。

（3）校园公共设施空间数据的矢栅互转。

三、实验数据与思路

1. 实验数据

从不同来源获取到的各种类型的校园相关数据文件（数据下载路径：第二章\实验三\实验数据），具体使用的数据明细如表 2-6 所示。

表 2-6 数据明细

数据名称	类型	描述
Campus	UDBX	校园空间数据，包括建筑设施、道路、草地、林地等矢量数据
POIs	CSV	基于 GPS 采集手段获取的校园 POIs 位置数据
建筑物能耗信息	XLSX	外业采集获取的校园 POIs 数据对应的能耗信息
DEM	TIF	某行政区的数字高程数据
Bound	SHP	测量获取的校园边界面数据

2. 思路与方法

基于不同来源的校园数据文件，对其进行数据重构与处理，主要包括格式转换、数据提取、空间数据裁剪和结构转换四个关键内容。

（1）格式转换，利用 GIS 软件的"数据导入"功能，将不同格式的校园兴趣点数据、校园建筑物能耗数据转换为统一的 UDBX 数据格式存储。此外，为了便于校园兴趣点数据与其他 GIS 系统的文件共享，可以利用 GIS 软件的"导出数据集"功能，将存储在 UDBX 数据源中的兴趣点数据转换为 GIS 通用数据格式（SHP）。

（2）数据提取，利用 GIS 软件的"SQL 查询"功能，基于校园兴趣点属性数据，构建 SQL 查询语句，提取教学楼点位数据。

（3）空间数据裁剪，利用 GIS 软件的"地图裁剪"功能，基于校园范围面数据对数字高程模型数据进行裁剪，进而获得校园范围的数字高程模型数据。

（4）结构转换，利用 GIS 软件的"矢栅转换"功能，将校园草地矢量数据转换为栅格数据，将校园数字高程模型数据转换为矢量数据。空间数据重构与处理流程如图 2-33 所示。

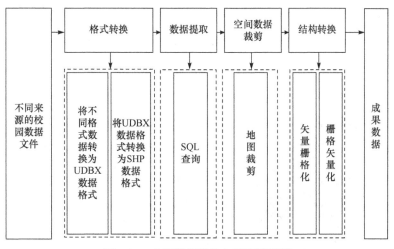

图 2-33 空间数据重构与处理流程图

四、实验步骤

1. 校园 POIs 多格式数据转换

1）将 CSV 文件转换为 UDBX 文件型数据

（1）打开数据源 Campus.udbx，点击"开始"选项卡"数据处理"组中的"数据导入"按钮，在弹出的"数据导入"对话框中，点击 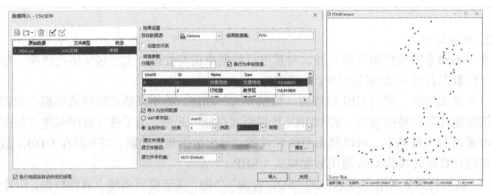，添加 POIs.csv。

（2）在"数据导入"对话框中，源文件字符集选择"ASCII（Default）"，勾选"导入为空间数据"复选框，选择"坐标字段"，即通过设置经度、纬度、高程字段来指定 CSV 数据对应的空间信息。在此，经度选择"X"，纬度选择"Y"，点击"导入"按钮执行操作（图 2-34）。

图 2-34　导入校园 POIs 数据

2）为校园 POIs 数据设置坐标系

（1）查看导入的校园 POIs 数据的属性信息，坐标系信息为平面无投影坐标系。由于校园 POIs 数据是基于 GPS 在 GCS_WGS 1984 坐标系下采集得到的，此时应重新设定其坐标系。

选中数据集 POIs，点击鼠标右键，选择"属性"选项。在"属性"面板的"坐标系"标签下点击"重新设定坐标系…"下拉框，选择"GCS_WGS 1984"坐标系，为数据集重新设定坐标系（图 2-35）。

图 2-35　重新设定坐标系

（2）为了与其他校园数据空间参考保持一致，将校园 POIs 数据统一到"UTM Zone 50,

Northern Hemisphere（WGS 1984）"投影坐标系下，便于后续空间分析等操作。

点击"开始"选项卡"数据处理"组"投影转换"下拉菜单中的"数据集投影转换"按钮，在"数据集投影转换"对话框中，将结果数据集命名为"POIs_Transform"。在目标设置中，选择"重新设定坐标系"下拉框中的"更多"，在弹出的"坐标系设置"对话框中，选择"UTM Zone 50, Northern Hemisphere （WGS 1984）"，或通过 EPSG Code（32650）进行搜索选中，点击"应用"按钮，回到"数据集投影转换"对话框，点击"转换"按钮，执行投影转换，如图 2-36 所示。

图 2-36 投影转换

3）将 XLSX 文件转换为 UDBX 文件型数据

点击"开始"选项卡"数据处理"组中的"数据导入"按钮，在弹出的"数据导入"对话框中，点击🗋，添加建筑物能耗信息.xlsx。将结果数据集命名为"建筑物能耗信息"，在转换参数中默认勾选"首行为字段信息"，点击"导入"按钮，如图 2-37 所示。

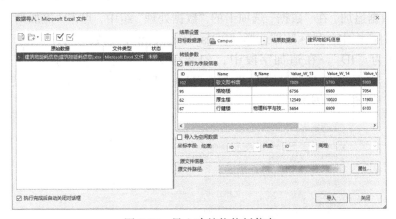

图 2-37 导入建筑物能耗信息

在数据源 Campus 中可以看到新增纯属性表数据"建筑物能耗信息"，其中存储了部分校园建筑物能耗信息，如图 2-38 所示。

4）校园 POIs 空间数据与属性数据一体化存储

（1）设置字段类型。分别选中数据集 POIs_Transform、建筑物能耗信息，点击右键选择

序号	SmUserID	ID	Name	B_Name	Value_W_13	Value_W_14	Value_W_15	Value_E_13	Value_E_14	Value_E_15
1	0	102	敬文图书馆		7809	5790	5909	21234	19506	21111
2	0	95	格物楼		6756	6980	7054	19908	20549	21040
3	0	62	厚生楼		12549	10020	11903	22343	21904	22209
4	0	67	行健楼	物理科学与…	5654	6909	6103	18970	19059	20123
5	0	63	行敏楼	商学院、公…	7809	5790	5909	21234	19506	20130
6	0	66	学明楼		6756	6980	7054	19908	20549	21040
7	0	64	学正楼		12549	10020	11903	22343	21904	22209
8	0	96	明理楼		12976	6909	5909	18970	19059	20123
9	0	61	芳菲楼		11056	5790	7054	21234	19506	20130

图 2-38　部分校园建筑物能耗信息

"属性"，在右侧的属性窗口中切换到"属性表"标签下，将"ID"字段的类型设为"32 位整型"，点击"应用"按钮，如图 2-39 所示。

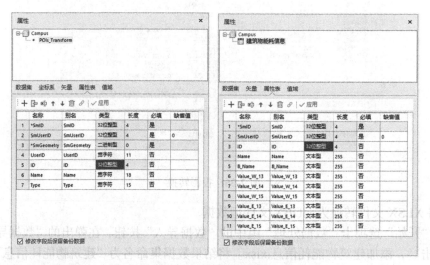

图 2-39　设置字段类型

（2）能耗数据追加。在"数据"选项卡的"数据处理"组中，点击"追加列"按钮。在"数据集追加列"对话框中，目标数据选择"POIs_Transform"，源数据选择"建筑物能耗信息"，连接字段设置为"ID"，在追加字段中，勾选存储了能耗信息的字段："Value_W_13""Value_W_14""Value_W_15""Value_E_13""Value_E_14""Value_E_15"。点击"确定"按钮，执行操作，如图 2-40 所示。

图 2-40　数据集追加列

浏览数据集 POIs_Transform 的属性表，可以看到追加到数据集中的建筑物能耗信息，如图 2-41 所示。

序号	SmUserID	UserID	ID	Name	Type	Value_W_13	Value_W_14	Value_W_15	Value_E_13	Value_E_14	Value_E_15
1	0	0	1	发展用地	发展用地						
2	0	0	2	行知楼	教学区	5654	6909	6103	18970	19059	20123
3	0	0	3	北苑	居住区	7832	5790	5909	21234	19506	20130
4	0	0	4	学行楼	教学区						
5	0	0	5	行远楼	教学区	7809	5790	5909	21234	19506	20130
6	0	0	6	预留发展用地	发展用地						
7	0	0	7	6号门	地标性建筑						
8	0	0	8	北区运动场	球场						
9	0	0	9	北区运动场	田径运动场						
10	0	0	10	北区体育器…	器材室						
11	0	0	11	北区运动场	球场						
12	0	0	12	北苑	居住区						
13	0	0	13	北苑	居住区						
14	0	0	14	北区配电房	配电房						
15	0	0	15	北苑	分区						

图 2-41　将建筑物能耗信息追加到校园 POIs 数据中

5）校园 POIs 数据导出为 SHP 格式

在工作空间管理器窗口里选中能耗数据追加后的校园 POIs 数据"POIs_Transform"，右键选择"导出数据集…"。在弹出的"数据导出"对话框中，将转出类型设为"ArcGIS Shape 文件"，目标文件名命名为"POIs_Transform"，设置导出目录，点击"导出"按钮，如图 2-42 所示。

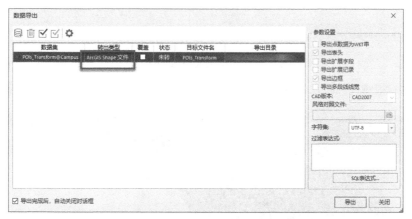

图 2-42　数据导出

2. 校园数字高程模型数据裁剪

1）将校园范围数据和 DEM 数据叠加显示

（1）点击"开始"选项卡"数据处理"组中的"数据导入"按钮，在弹出的"数据导入"对话框中点击 📄，添加 DEM.tif 及 Bound.shp。在"数据导入-TIFF 文件"对话框中，将结果设置的数据集类型选择为"栅格"，编码类型选择为"LZW"，如图 2-43 所示；在"数据导入-ArcGIS Shape 文件"中默认参数设置，如图 2-44 所示，点击"导入"按钮。

（2）在数据源 Campus 中选中数据集 DEM 及 Bound，添加到同一个地图窗口中叠加显示，如图 2-45 所示。

2）校园 DEM 数据裁剪

在"地图"选项卡"操作"组"地图裁剪"的下拉菜单中，点击"选中对象区域裁剪"按

图 2-43 导入 TIFF 文件

图 2-44 导入 ArcGIS Shape 文件

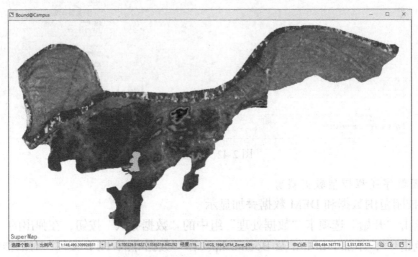

图 2-45 将数据添加到地图窗口

钮。鼠标左键选中裁剪范围（校园范围面对象），点击鼠标右键结束。在"地图裁剪"对话框中，保留"DEM@Campus"图层，裁剪方式选择"区域内"，得到的结果即为裁剪区域内的地图。目标数据集命名为"Campus_DEM"，如图 2-46 所示。

地图裁剪后得到的校园区域 DEM 数据如图 2-47 所示。

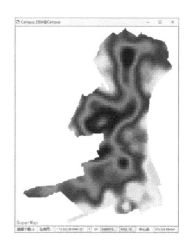

图 2-46 地图裁剪   图 2-47 校园区域 DEM 数据

3. 校园所有教学楼位置的提取

1）打开 SQL 查询对话框

点击"空间分析"选项卡"查询"组中的"SQL 查询"按钮，弹出"SQL 查询"对话框。

2）设置 SQL 查询参数

在"参与查询的数据"中选择"POIs_Transform"，在"查询字段"的文本框中输入"POIs_Transform.*"，在"查询条件"文本框中输入"POIs_Transform.Type = '教学区'"，勾选"保存查询结果"，在"数据集"文本框中输入"TeachingBuilding"，如图 2-48 所示。

图 2-48 SQL 查询对话框

3）执行 SQL 查询

点击"查询"按钮，提取出校园教学楼 POIs 数据并存储在 Campus 数据源中的 TeachingBuilding 数据集中，如图 2-49 所示。

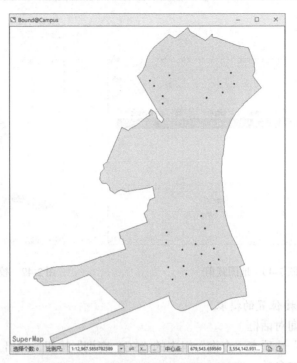

图 2-49　校园教学楼 POIs 提取结果

4. 校园空间数据矢栅互转

1）校园草地面数据转换为栅格数据

在 SuperMap iDesktop 的功能区中点击"空间分析"选项卡"栅格分析"组"矢栅转换"下拉框中的"矢量栅格化"按钮，在弹出的"矢量栅格化"对话框中，设置矢量栅格化的参数，源数据选择校园草地面数据集"Grass"，栅格化结果数据命名为"Grass_Raster"，其他参数保持默认，点击"确定"按钮，如图 2-50 所示。

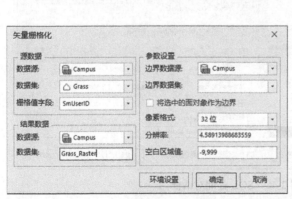

图 2-50　矢量栅格化对话框与结果

2）校园 DEM 栅格数据矢量化

（1）设置栅格矢量化参数。在 SuperMap iDesktop 的功能区中点击"空间分析"选项卡"栅格分析"组"矢栅转换"下拉框中的"栅格矢量化"按钮，在弹出的"栅格矢量化"对话框中，设置栅格矢量化的参数，结果数据集名称命名为"DEM_VectorizeResult"，点击"确定"按钮，如图 2-51 所示。

图 2-51 栅格矢量化对话框

（2）根据高程值显示矢量 DEM 数据。在工作空间管理器中，双击 DEM_VectorizeResult，将其显示在地图窗口。在功能区中点击"专题图"选项卡"单值"组"单值"中的"默认"按钮，在 SuperMap iDesktop 右侧出现的"专题图"对话框中，设置"表达式"为"value"，颜色方案选择"适用 DEM"的色带，色带选择"ZA_Elevation"，此时地图窗口根据高程值显示 DEM 矢量数据，如图 2-52 所示。

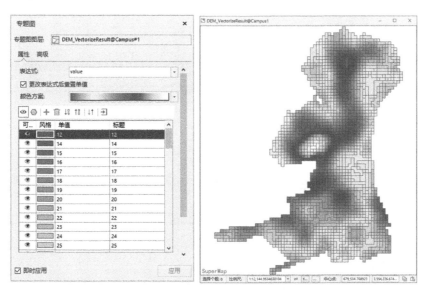

图 2-52 栅格矢量化结果

5. 实验结果

本实验最终成果为 Campus.udbx（数据下载路径：第二章\实验三\成果数据），具体内容如表 2-7 所示。

表 2-7　成果数据

数据名称	类型	描述
POIs_Transform	点	校园 POIs 数据
POIs_Transform	SHP	Shapefile 格式的校园 POIs 数据
建筑物能耗信息	属性表	校园 POIs 相应能耗信息
Campus_DEM	DEM	校园 DEM 数据
TeachingBuilding	点	校园教学楼 POIs 数据
Grass_Raster	栅格数据	校园草地栅格数据
DEM_VectorizeResult	面	校园 DEM 矢量面数据

综上，本实验的实验结果为经多源数据集成操作后得到的 Shapefile 格式的校园 POIs 点数据、文件型数据源 Campus.udbx（存储校园 POIs 数据及经裁剪得到的校园 DEM 数据等）。

五、思考与练习

（1）在数据集追加列时，连接字段的字段类型设置有什么要求？

（2）在叠加分析中也提供了裁剪算子，能否应用到本实验中？两种裁剪方法之间有何区别？

实验四　三维模型集成与模型构建

一、实验场景

随着数据采集与建模技术的迅速发展，三维模型数据的来源越来越丰富，为 GIS 数据的集成与应用带来了新的挑战。其中倾斜摄影测量与建模技术以高精度、高清晰的方式全面感知复杂的地理环境，其建模成果直观反映地物外观、位置、高度属性，不仅为真实还原现实世界和测绘级精度提供保证，同时还能有效提升三维模型的生产效率，是三维 GIS 应用重要的数据来源之一。除集成第三方建模成果之外，传统的二维 GIS 数据既有精确的几何图形，又有完备的属性信息，为快速构建三维模型提供了数据基础。利用 GIS 软件通过参数化方式，将二维 GIS 数据直观地转化为高度、形体与实际建筑近似的盒状模型，常用于缺乏测量与手工建模条件的应用场景，辅助规划设计、三维展示、应急救援等应用。

在三维模型集成与构建过程中，面对多来源的数据，经常会面临以下问题，例如，倾斜摄影三维模型如何以正确的地理位置导入 GIS 软件中？传统二维 GIS 数据构建三维模型需要具备哪些属性条件？怎样优化显示基于二维 GIS 数据构建的盒状模型外观？

本实验以"校园建筑模型的集成与构建"为应用场景，基于校园 3 栋标志性建筑物的倾斜摄影三维模型数据，以及图书馆的二维矢量面与纹理数据，开展以倾斜摄影三维模型集成、二维矢量面拉伸建模为主的三维模型集成与构建的实验，最终获得 4 栋标志性建筑模型。本实验可以让同学们体验通过集成和构建两种方式获取三维模型数据，加深对三维模型数据来源和应用的理解。

二、实验目标与内容

1. 实验目标与要求
（1）熟练使用 GIS 软件将倾斜摄影三维模型集成到文件型数据源。
（2）掌握利用 GIS 软件基于二维矢量数据构建三维模型的具体操作流程。
2. 实验内容
（1）倾斜摄影三维模型数据集成。
（2）模型数据构建，主要包括拉伸建模、模型合并。

三、实验数据与思路

1. 实验数据
本实验数据采用包含校园建筑矢量面数据的文件型数据源 Buildings.udbx、建筑纹理贴图文件夹 Texture、倾斜摄影三维模型数据文件夹 OSGB 和模型定位点信息 modelCenter.xlsx（数据下载路径：第二章\实验四\实验数据），具体使用的数据明细如表 2-8 所示。

表 2-8　数据明细

文件夹名称	数据名称	类型	内容描述
—	Buildings.udbx	SuperMap 文件型数据源	包括敬文图书馆主要结构的矢量面数据，具有建筑构件高度字段（height）、建筑顶部纹理路径字段（topTexture）、建筑侧面纹理路径字段（sideTexture）、建筑侧面纹理横向重复次数字段（sideRepetitionX）和纵向重复次数字段（sideRepetitionY）

文件夹名称	数据名称	类型	内容描述
	top.jpg	图像文件	敬文图书馆顶面纹理
Texture	wall.png	图像文件	敬文图书馆墙面纹理
	gate.png	图像文件	敬文图书馆大门纹理
	huachenglou	文件夹	化成楼的倾斜摄影三维模型数据，WGS-84 坐标系
OSGB	xianlinbinguan	文件夹	仙林宾馆的倾斜摄影三维模型数据，WGS-84 坐标系
	xuehailou	文件夹	学海楼的倾斜摄影三维模型数据，WGS-84 坐标系
—	modelCenter.xlsx	Excel 表格	化成楼、仙林宾馆和学海楼的倾斜摄影三维模型定位点坐标值（WGS-84 坐标系）

2. 思路与方法

校园标志性建筑模型集成与构建具体思路如下。

针对化成楼、仙林宾馆和学海楼的倾斜摄影三维模型集成，利用 GIS 软件的"导入数据集"功能，按模型定位点坐标值（WGS-84 坐标系），将倾斜摄影三维模型数据导入文件型数据源中。

针对图书馆矢量拉伸建模，通过 GIS 软件的"线性拉伸""追加行""模型合并"功能，将具有建筑高程和纹理路径等字段的"jingwen"数据集拉伸为盒状模型；利用"追加行"和"模型合并"功能，将图书馆主要结构的模型对象合并为一个完整的建筑模型。三维模型集成与模型构建流程如图 2-53 所示。

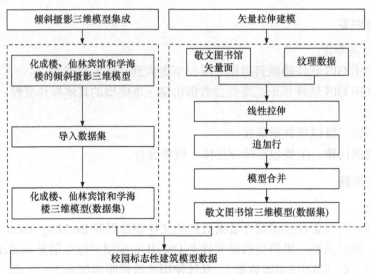

图 2-53　三维模型集成与模型构建流程图

四、实验步骤

1. 倾斜摄影三维模型集成

在 SuperMap iDesktop 中打开 Buildings.udbx。点击"开始"选项卡下"数据处理"组中的"数据导入"按钮。在弹出的"数据导入"对话框中，单击 🖻 按钮，弹出"打开"对话框，选择实验数据"OSGB"文件夹下"huachenglou"文件夹中的 1.osgb 文件,点击"打开"按钮,如图 2-54 所示。

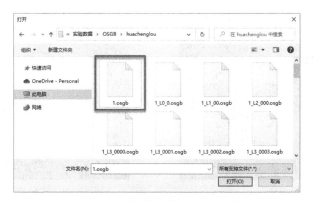

图 2-54 添加化成楼的 osgb 文件

在"数据导入"对话框中,转换参数栏单击"设置…"按钮,选择"GCS_WGS 1984"坐标系。依据 modelCenter.xlsx,设置模型定位点的 X/经度、Y/纬度、Z/高程分别为 118.904884、32.102892 和–5.5,设置结果数据集名称为"huachenglou"。重复以上操作,分别将"xuehailou"和"xianlinbinguan"文件夹中的 1.osgb 文件添加到"数据导入"对话框的原始数据列表中,并分别设置坐标系和模型定位点的相应参数,结果数据集分别命名为"xuehailou"和"xianlinbinguan",其他参数采用默认值,点击"导入"按钮,执行操作,如图 2-55 所示。

图 2-55 导入数据集

在工作空间管理器中,按住 Ctrl 键,右键依次单击"huachenglou""xuehailou""xianlinbinguan"数据集,在右键菜单中选择"添加到新球面场景"。在图层管理器窗口中分别选中"huachenglou@Buildings""xuehailou@Buildings""xianlinbinguan@Buildings"图层,在

右键菜单中选择"快速定位到本图层"，使用鼠标切换相机视角，即可查看加载到三维场景中的建筑模型，如图 2-56 所示。

（a）化成楼

（b）学海楼

（c）仙林宾馆

图 2-56* 倾斜摄影三维模型导入成果

2. 矢量拉伸建模

1）线性拉伸

工作空间管理器中，选中"jingwen"数据集，在右键菜单中选择"添加到当前场景"。在图层管理器中，选中"jingwen@Buildings"图层，在右键菜单中选择"快速定位到本图层"，查看敬文图书馆主要结构矢量面，如图 2-57 所示。

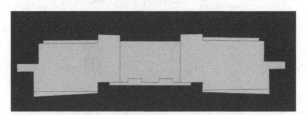

图 2-57 敬文图书馆主要结构矢量面

在图层管理器中，选中"jingwen@Buildings"图层，在右键菜单中选择"关联浏览属性数据"。在弹出的属性表窗口中，选中建筑侧面纹理路径字段（sideTexture），在右键菜单中选择

"升序"，如图 2-58 所示。

序号	SHAPE_Area	height	sideTexture	sideRepetitionX	sideRepetitionY	topTexture
1	0	29.05	.\Texture\gate.png	3	1	.\Texture\top.jpg
2	0	36.9	.\Texture\wall.png	4	4	.\Texture\top.jpg
3	0	20.5	.\Texture\wall.png	4	4	.\Texture\top.jpg
4	0	29.05	.\Texture\wall.png	4	4	.\Texture\top.jpg
5	0	36.9	.\Texture\wall.png	6	4	.\Texture\top.jpg
6	0	20.5	.\Texture\wall.png	4	4	.\Texture\top.jpg
7	0	36.9	.\Texture\wall.png	6	4	.\Texture\top.jpg
8	0	36.9	.\Texture\wall.png	4	4	.\Texture\top.jpg

图 2-58　侧面纹理路径字段升序排列

在 "jingwen@Buildings" 属性表窗口中，选中第一条记录，三维场景窗口中对应的几何对象将同步变为选中状态，如图 2-59 所示。

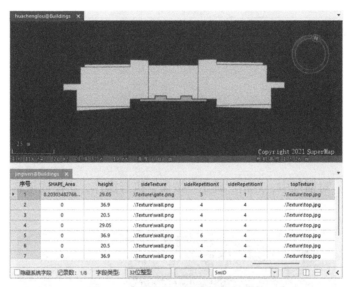

图 2-59　关联选中图书馆几何对象

在三维场景中点击第一条记录对应的几何对象，在 "三维地理设计" 选项卡的 "规则建模" 组中，点击 "规则建模" 按钮，在下拉菜单中点击 "拉伸" 组中的 "线性拉伸" 按钮。在弹出的 "线性拉伸" 对话框中，设置对象所在图层为 "jingwen@Buildings"，选择 "只针对选中对象操作"，设置拉伸高度为 "height" 字段，底部高程为 "0"，将结果数据的数据集命名为 "LinearExtrudeResult_1"，勾选 "拆分对象"，如图 2-60 所示。

在 "线性拉伸" 对话框中点击 "材质设置" 按钮，在弹出的 "材质编辑" 对话框中，根据 "jingwen@Buildings" 属性表窗口中的建筑构件高度字段（height）、建筑顶部纹理路径字段（topTexture）、建筑侧面纹理路径字段（sideTexture）、建筑侧面纹理横向重复次数字段（sideRepetitionX）和纵向重复次数字段（sideRepetitionY）

图 2-60　线性拉伸

的字段值，选择材质对象为"顶面"，点击 ➕ 按钮，在纹理设置中添加"Texture"文件夹中的 top.jpg 文件，选择重复模式为"重复次数"，设置横向大小和纵向大小为"1"；选择材质对象为"侧面"，点击 ➕ 按钮，在纹理设置中添加"gate.png"文件，选择重复模式为"重复次数"，设置横向大小为"3"，纵向大小为"1"，其他参数采用默认值，点击"确定"按钮，如图 2-61 所示。

图 2-61　材质编辑

在"线性拉伸"对话框中，点击"确定"按钮，执行操作，建模成果将自动加载到当前三维场景窗口，如图 2-62 所示。

图 2-62　敬文图书馆大门建模成果

重复以上"拉伸建模"操作，按住 Ctrl 键，在"jingwen@Buildings"属性表窗口中，选中第 5 和第 7 条记录，在三维场景窗口中按住鼠标滚轮调整视角，以相同的方式，根据"jingwen@Buildings"属性表窗口中的字段值，设置线性拉伸的相应参数，生成 LinearExtrudeResult_2 数据集。选中余下的记录进行拉伸建模，生成 LinearExtrudeResult_3 数据集。敬文图书馆主要结构建模成果如图 2-63 所示。

图 2-63*　敬文图书馆主要结构建模成果

2）追加行

在工作空间管理器中，选中"Buildings"数据源，在右键菜单选择"新建数据集…"。在弹出的"新建数据集"对话框中，选择创建类型为"模型"，设置数据集名称为"jingwen_Model"，勾选"使用模板"，选择数据集为"LinearExtrudeResult_1"，点击"创建"按钮，如图 2-64 所示。

图 2-64 新建数据集

在"数据"选项卡"数据处理"组中，点击"追加行"按钮。在弹出的"数据集追加行"对话框中，选择数据集为"jingwen_Model"，点击![]按钮，选择源数据为 LinearExtrudeResult_1、LinearExtrudeResult_2 和 LinearExtrudeResult_3 数据集，其他参数采用默认值，点击"确定"按钮，如图 2-65 所示。

图 2-65 数据集追加行

3）模型合并

工作空间管理器中，选中"jingwen_Model"数据集，在右键菜单中选择"添加到当前场景"。在"三维地理设计"选项卡的"模型操作"组中，单击"模型编辑"按钮。在下拉菜单的"三角网操作"组中，选择"模型合并"选项。在弹出的"模型合并"对话框中，设置模型图层为"jingwen_Model@Buildings"图层，设置结果数据的数据集名称为"jingwen_ModelMergeResult"，其他参数采用默认值，点击"保存"按钮，如图 2-66 所示。

在工作空间管理器中，选中"jingwen_ModelMergeResult"数据集，在右键菜单中选择"添加到当前场景"。在图层管理器中，点击图层前端的👁️按钮可切换图层为显示/隐藏状态。在三维场景窗口中，通过鼠标分别点击"jingwen_Model@Buildings"图层和"jingwen_ModelMergeResult@Buildings"图层的模型对象，查看模型合并前后的对象选中效果对比，如图 2-67 所示。

图 2-66　模型合并

（a）合并前

（b）合并后

图 2-67　模型合并前后对象选中效果对比

3. 实验结果

本实验最终成果为校园标志性建筑的三维模型数据"Buildings.udbx"（数据下载路径：第二章\实验四\成果数据），具体内容如表 2-9 所示。

表 2-9　成果数据

数据名称	类型	描述
huachenglou	模型数据集	化成楼模型数据
xuehailou	模型数据集	学海楼模型数据
xianlinbinguan	模型数据集	仙林宾馆模型数据
jingwen_ModelMergeResult	模型数据集	敬文图书馆拉伸建模成果数据

综上，本实验的实验结果为基于不同的数据来源（倾斜摄影三维模型、传统二维矢量数据），经过导入数据、拉伸建模操作，获得的三维建筑模型数据，统一存储于文件型数据源 Buildings.udbx 中。

五、思考与练习

（1）在对敬文图书馆的矢量面进行线性拉伸时，为什么需要勾选"拆分对象"？在材质编辑时，材质设置和纹理设置又有何区别？

（2）线性拉伸提供了"重复次数"和"实际大小"两种贴图模式，请思考这二者的区别以及分别的应用场景。

第三章 空间数据管理

实验一 全关系型矢量空间数据管理

一、实验场景

基于全关系型数据库的全关系型空间数据管理模式是早期 GIS 矢量空间数据管理的主要方式，它采用现有的关系数据库存储图形和属性数据，并使用关系数据库标准连接机制进行空间数据与属性数据的连接。对于变长结构的空间几何数据，通常将图形数据的变长部分处理成二进制 Block 块字段。基于此，全关系型矢量空间数据的存储和查询一般都需要 GIS 商业平台软件中的空间数据引擎支持，如 ESRI 的 SDE、SuperMap 的 SDX+等。

实现全关系型矢量空间数据管理的操作，必然面临以下几个问题：①全关系型数据库如何部署？②GIS 商业软件中的空间数据引擎为实现空间数据的存和取如何发挥作用？③矢量空间数据如何存储到关系表中，其属性和图形内容在关系数据库中如何体现？④空间查询和分析的过程如何实现？

本实验将以"校园公共设施全关系型矢量空间数据管理"为应用场景，围绕矢量空间数据的存和取的问题，基于校园公共设施相关的矢量空间数据和 Oracle 数据库系统，利用 GIS 软件的空间数据引擎，实现校园公共设施矢量空间数据的存储和使用，构建相应的校园全关系型空间数据库。

二、实验目标与内容

1. 实验目标与要求

（1）了解关系型数据库与 GIS 软件的空间数据引擎技术的原理。

（2）掌握全关系型空间数据库中空间数据的管理方法。

2. 实验内容

（1）空间数据库创建。

（2）空间数据入库。

（3）空间数据组织形式查看。

三、实验数据与思路

1. 实验数据

本实验数据采用 Campus.udbx（数据下载路径：第三章\实验一\实验数据），具体使用的数据明细如表 3-1 所示。

表 3-1 数据明细

数据名称	类型	描述
POIs	点	校园主要设施点数据集
StreetLights	点	校园路灯数据
BorderTree	点	校园行道树数据
RoadLine	线	校园道路数据

数据名称	类型	描述
All_Building	面	校园所有建筑物数据
Grass	面	校园草地数据
Wood	面	校园林地数据

2. 思路与方法

本实验主要针对校园公共设施矢量空间数据，基于关系型数据库与 GIS 软件的空间数据引擎技术，创建校园空间数据库以一体化存储校园公共设施矢量空间数据的图形信息与属性信息。实验以 Oracle 数据库及 GIS 软件（SuperMap iDesktop）为例，主要通过空间数据库创建、空间数据入库和空间数据组织形式查看三个关键步骤实现。

（1）空间数据库创建。基于 Oracle 数据库，利用 GIS 软件的空间数据引擎技术，采用 GIS 软件的"数据源管理"工具创建空间数据库。

（2）空间数据入库。利用 GIS 软件的空间数据引擎技术，采用 GIS 软件的"数据导入"工具将校园公共设施矢量空间数据导入关系型数据库中存储。

（3）空间数据组织形式查看。分别查看入库后的空间数据在 GIS 软件和关系型数据库中的组织管理方式。全关系型矢量空间数据管理流程如图 3-1 所示。

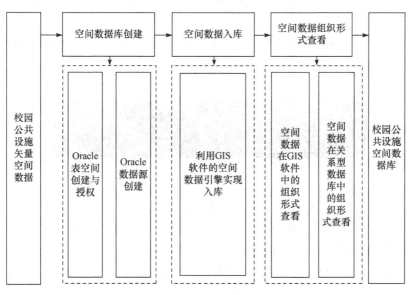

图 3-1　全关系型矢量空间数据管理流程图

四、实验步骤

1. 空间数据库创建

在实验开始前，必须在服务器上安装 Oracle 数据库，启动数据库服务和监听服务，并配置本地 Net 服务名。连接 Oracle 数据库成功后，直接通过 Oracle 服务端或 Oracle 客户端完成创建表空间、创建用户并授权、新建 Oracle 数据源等操作，将校园公共设施矢量空间数据存储到 Oracle 数据库中。

关于 Oracle 数据库和 Oracle 客户端的安装配置的具体步骤，请参考 Oracle 方面的技术书籍自行完成，本书不再赘述，本实验主要关注创建校园空间数据库的流程。

1）Oracle 表空间创建与授权

（1）Oracle 表空间创建。空间数据库的创建工作主要由 SuperMap iDesktop 来完成，Oracle 仅作为存放空间数据的容器，数据都存储在数据库的表中。注意需要创建一个授予了 Connect 和 Resource 角色的用户来管理表中的空间数据。

首先打开 Oracle SQL*Plus，以 SYSTEM 用户登录，如图 3-2 所示。

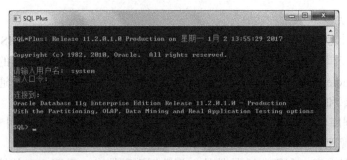

图 3-2 SYSTEM 用户登录

一个 Oracle 数据库中可以创建多个表空间，每个表空间可以添加多个数据文件。本实验创建一个表空间"sm_ds1"，并指定一个数据文件"H:\OraData\smdb.dbf"，数据文件初始化容量大小为 100M，当数据文件分配的空间已满时，一次自动扩展的大小为 50M，最大容量限制为 1024M。

命令为：create tablespace sm_ds1 datafile 'H:\OraData\smdb.dbf' size 100m autoextend on next 50m maxsize 1024m，其结果如图 3-3 所示。

图 3-3 创建表空间

（2）Oracle 用户授权。创建用户并赋予"connect"和"resource"权限。一个表空间中可以创建多个用户，分配不同的角色或者权限。例如，在表空间"sm_ds1"中创建一个名为"sm_user1"的用户，密码为"sm_pwd1"。

命令为：create user sm_user1 identified by sm_pwd1 default tablespace sm_ds1，其结果如图 3-4 所示。

图 3-4 创建用户

为用户"sm_user1"授予 Oracle 预定义的角色"connect"和"resource"。

命令为：grant connect, resource to sm_user1，其结果如图 3-5 所示。

图 3-5　用户授权

2）Oracle 数据源创建

在 SuperMap iDesktop 工作空间管理器中右键点击"数据源"节点，在弹出的右键菜单中选择"新建数据库型数据源"项。在弹出的"新建数据库型数据源"对话框中，在左侧数据库型列表中选择"OraclePlus"，如图 3-6 所示；在右侧设置新建 OraclePlus 型数据源的必要信息，点击"创建"按钮即可创建相应的数据源。

创建成功后，在工作空间管理器中的"数据源"节点下，即可看到该 Oracle 数据源 Campus，如图 3-7 所示。

图 3-6　新建 Oracle 数据源

图 3-7　工作空间管理器

2. 空间数据入库

1）数据获取

在工作空间管理器中"数据源"节点点击右键，在右键菜单中选择"文件型数据源"，打开校园公共设施空间数据 Campus.udbx。为避免与 Oracle 数据源 Campus 重名，系统将自动重命名该文件型数据源为 Campus_1。

2）数据入库

在工作空间管理器中，选中 Campus_1 数据源（图 3-8），点击鼠标右键，在弹出的右键菜单中选择"复制数据集…"，弹出"数据集复制"对话框。

点击▷按钮，在弹出的"选择"对话框中将 Campus_1 中所有数据集选中，点击"确定"按钮。回到"数据集复制"对话框中，点击☑按钮，选中所有数据集，点击✿按钮，设置"目标数据源"为"Campus"，点击"确定"按钮，回到"数据集复制"对话框点击"复制"按钮，完成空间数据入库（图 3-9）。

图 3-8　工作空间管理器

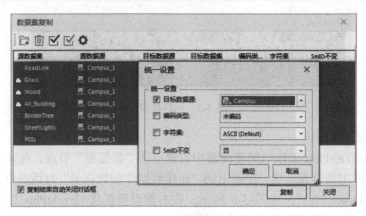

图 3-9　复制数据源

3. 空间数据组织形式查看

导入的数据成果存放在 Oracle 数据库中,在 SuperMap iDesktop 和 Oracle 数据库中均可查看到相应的数据信息。

图 3-10　Campus 数据源

1)空间数据在 GIS 软件中的组织形式查看

首先,在 SuperMap iDesktop 工作空间管理器中对 Oracle 数据源 Campus 的空间数据进行读取操作。展开 Oracle 数据源 Campus 节点,查看所有存储在 Oracle 数据源 Campus 中的数据(图 3-10)。

其次,双击任意数据集节点,即可在地图窗口浏览图形数据,右键点击任意数据集,在右键菜单中选择"浏览属性表",可以查看对应属性信息。以行道树 BorderTree 为例,对应的空间信息和属性信息如图 3-11 所示。

2)空间数据在关系型数据库中的组织形式查看

打开 Oracle 数据库,查看录入 Oracle 数据库中的校园公共设施矢量空间数据成果。

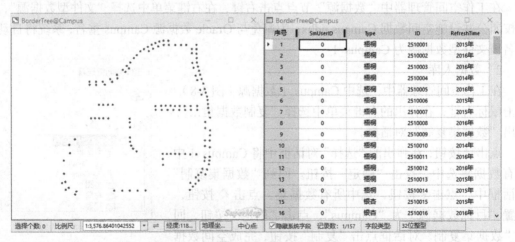

图 3-11　行道树的空间信息和属性信息

(1)查看数据集与数据库表的对应关系。SMREGISTER 表用来集中管理矢量数据集的信息，每新建一个矢量数据集，就会在此表中新增加一条记录，同样删除数据集时会将相应的记录从此表中移除。

打开 SMREGISTER 表，SMDATASETNAME 字段存储数据集名称，SMTABLENAME 字段记录存储数据集中的空间数据的数据表名，具体内容如图 3-12 所示。以校园建筑物面数据集 All_Building 为例，其对应的 Oracle 表为 SMDTV_4。

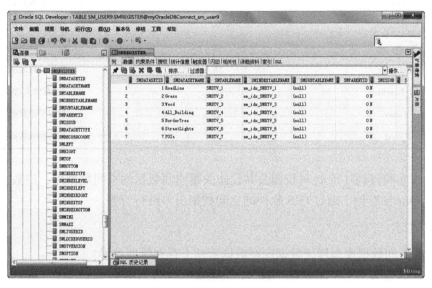

图 3-12　SMREGISTER 表

（2）查看空间数据在数据库中的存储方式。打开 Oracle 表 SMDTV_4，表中存储了校园建筑物的空间信息及属性信息，如图 3-13 所示。其中，SuperMap SDX+将图形数据的变长部分处理成二进制 Block 块存储在 SMGEOMETRY 字段中，属性信息存储在各自类型的字段中，将空间数据索引值存储在 SMKEY 字段中。SuperMap SDX+将空间数据、索引数据和属性数据存储在关系数据库的一张连续表中，实现了空间数据与业务属性数据的一体化存储和管理。

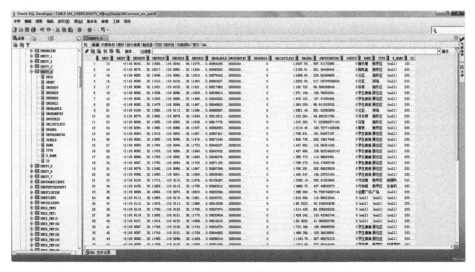

图 3-13　空间数据存储表

4. 实验结果

本实验最终成果为 Oracle 数据库型数据源 Campus，具体内容如表 3-2 所示。

表 3-2　成果数据

数据名称	类型	描述
POIs	点	校园主要设施点数据集
StreetLights	点	校园路灯数据
BorderTree	点	校园行道树数据
RoadLine	线	校园道路数据
All_Building	面	校园所有建筑物数据
Grass	面	校园草地数据
Wood	面	校园林地数据

综上，本实验得到 1 个针对校园公共设施矢量空间数据的空间数据库，该数据库基于关系型数据库 Oracle 存储，通过 GIS 软件的空间数据引擎进行管理。

五、思考与练习

（1）GIS 空间数据库与传统数据库在数据管理上存在哪些差异？

（2）什么是全关系型空间数据库管理？它有哪些优势与不足？

（3）本实验创建的 Oracle 数据源中，数据的几何信息和属性信息是否存储在同一张表里？如何找到它们对应的存储表？

（4）使用 GIS 软件练习创建 MySQL 数据源，并将实验数据 Campus.udbx 中的空间数据导入 MySQL 数据源中进行存储与管理。

（5）对空间数据分别利用 Oracle 及 Oracle spatial 管理，它们都是如何存储几何信息的？有何区别？

实验二 对象-关系型矢量空间数据管理

一、实验场景

对象-关系型空间数据库的出现使得地理空间对象可以作为一种新的类型存储到数据库中，由此，对象-关系型矢量空间数据管理迅速成为当前 GIS 空间数据库所采用的主流管理方式。这种模式，通过整合新的、用户定义的抽象数据类型和面向对象编程语言的特征(如继承、操作函数、封装等)，扩展了传统关系型数据库管理系统的功能。由于是基于关系型数据库管理系统的扩展，关系型数据库管理系统上大量的工作成果得以保留。本质上，这是一种关系世界的 SQL 和对象世界的基本建模元素之间的结合。

基于空间数据库相关的理论知识，熟练掌握对象-关系型空间数据管理的应用方法，以下几个问题值得关注：①对象-关系型空间数据库有哪些？如何安装和部署？②利用何种工具软件能实现既定格式的空间数据导入？③针对空间数据的对象-关系型空间数据库如何定义？④外部数据存入数据库后，属性数据和空间数据如何组织？⑤空间 SQL 查询如何实现？

本实验将以"校园公共设施对象-关系型矢量空间数据管理"为应用场景，围绕矢量空间数据存和取的问题，基于校园公共设施相关的矢量空间数据和 PostgreSQL 数据库系统，实现校园公共设施矢量空间数据的存储和使用，构建相应的校园对象-关系型空间数据库。

二、实验目标与内容

1. 实验目标与要求

（1）了解对象-关系型数据库与空间对象扩展模块的联系。

（2）掌握对象-关系型数据库与空间对象扩展模块存储空间数据的方法。

2. 实验内容

（1）空间数据库创建。

（2）空间数据入库。

（3）空间数据查询。

三、实验数据与思路

1. 实验数据

本实验数据采用 Campus.udbx（数据下载路径：第三章\实验二\实验数据），具体使用的数据明细如表 3-3 所示。

表 3-3 数据明细

数据名称	类型	描述
POIs	点	校园主要设施点数据集
StreetLights	点	校园路灯数据
BorderTree	点	校园行道树数据
RoadLine	线	校园道路数据
All_Building	面	校园所有建筑物数据

续表

数据名称	类型	描述
Grass	面	校园草地数据
Wood	面	校园林地数据

2. 思路与方法

基于校园公共设施矢量空间数据，利用对象-关系型空间数据库对空间数据组织和管理，主要通过对象-关系型空间数据库创建、空间数据入库、空间数据查询三个关键步骤实现。

（1）空间数据库创建。首先利用 GIS 软件的"新建数据库型数据源"功能，创建对象-关系型空间数据库。

（2）空间数据入库。利用 GIS 软件的"复制数据集"功能，将校园公共设施矢量数据导入 PostGIS 数据库中存储。

（3）空间数据查询。分别利用 GIS 软件的"查询"功能以及 PostGIS 空间函数实现对空间数据的查询操作。对象-关系型矢量空间数据管理流程如图 3-14 所示。

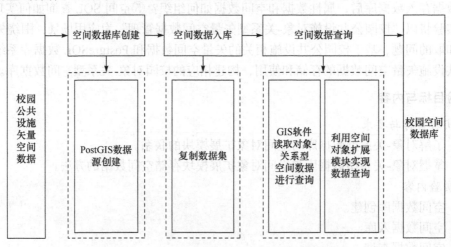

图 3-14　对象-关系型矢量空间数据管理流程图

四、实验步骤

1. 空间数据库创建

在实验开始前，首先必须在服务器上安装 PostgreSQL 数据库，然后安装空间对象扩展模块 PostGIS，即可直接通过 GIS 软件完成创建 PostGIS 数据源的操作，最终将校园公共设施矢量空间数据存储到数据源中。关于 PostgreSQL 数据库和 PostGIS 空间对象扩展模块的安装步骤，需要学生自行完成，本书不再赘述。本实验主要关注安装并配置好数据库后，创建校园空间数据库的流程。

打开 SuperMap iDesktop，在工作空间管理器"数据源"节点点击右键，在右键菜单中选择"新建数据库型数据源"，在弹出的对话框中选择数据库型为"PostGIS"，服务器名称输入数据库的地址，同时输入 PostgreSQL 数据库的用户名称和用户密码，最后将数据库名称和数据源别名命名为"pgGIS"（图 3-15）。

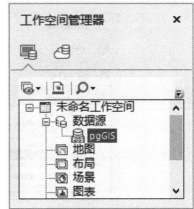

图 3-15　新建 PostGIS 数据源

2. 空间数据入库

1）数据获取

在工作空间管理器中的"数据源"节点点击右键，在右键
菜单中选择"文件型数据源"，打开校园公共设施矢量空间数
据的数据源文件 Campus.udbx（图 3-16）。

2）数据入库

在工作空间管理器中，按住 Shift 键选中 Campus 数据源
中所有的数据集，右键点击选中的数据集，在弹出的右键菜
单中选择"复制数据集…"项，通过"复制数据集…"功能将
其全部复制到 pgGIS 数据源中（图 3-17），完成数据入库。

图 3-16　工作空间管理器

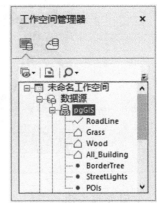

图 3-17　数据集复制

3）成果查看

导入的数据成果存放在 PostgreSQL 数据库中，利用 PostGIS 和 GIS 软件均可查看到相应
的数据信息。

首先，在 SuperMap iDesktop 工作空间管理器中对"pgGIS 数据源"（图 3-18）进行的操
作中，可看到校园公共设施矢量空间数据的数据集。

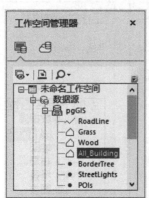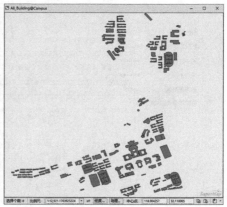

图 3-18　pgGIS 数据源

其次，直接打开 PostgreSQL 数据库（图 3-19），打开导入的空间数据表，可以查看到空间数据信息，其中几何信息通过 PostGIS 的几何字段支持表达。在表中选中需要浏览的数据，点击 smgeometry 字段右侧的 ▣ 按钮，可以查看几何图形。

smid [PK] integer	smuserid integer	smarea double precision	smperimeter double precision	smgeometry geometry	name character varying (255)	type character varying (255)	b_name character varying (25
1	1	0	1347.86255289471	319.731819667163	0106000020E61000...	学生宿舍	居住区	[null]
2	2	0	1287.87662461969	307.651610329539	0106000020E61000...	学生宿舍	居住区	[null]
3	3	0	2352.17308686248	539.778725109648	0106000020E61000...	学生宿舍	居住区	[null]
4	4	0	1727.47315129898	429.654042449114	0106000020E61000...	学生宿舍	居住区	[null]
5	5	0	1858.19960326828	425.428184086903	0106000020E61000...	学生宿舍	居住区	[null]
6	6	0	1450.53484118279	189.471285897693	0106000020E61000...	理工科实验楼	教学区	[null]
7	7	0	4545.00250296447	269.385232438743	0106000020E61000...	图书馆	服务区	[null]
8	8	0	2551.22576109537	578.567088419543	0106000020E61000...	学生宿舍	居住区	[null]
9	9	0	3141.12201034275	230.891290139793	0106000020E61000...	学生食堂	服务区	[null]
10	10	0	2777.4975714919	358.614341910351	0106000020E61000...	综合教学实验楼	教学区	[null]
11	11	0	1228.8777171694	205.201944421825	0106000020E61000...	行政楼	教学区	[null]
12	12	0	4269.69737798021	442.719947068005	0106000020E61000...	行政楼	教学区	生命科学学院
13	13	0	3966.70934287786	302.425152530311	0106000020E61000...	行政楼	教学区	地理科学学院

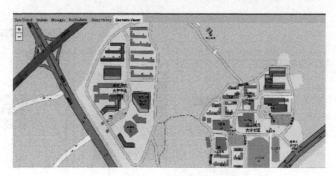

图 3-19　PostgreSQL 数据库

3. 空间数据查询

PostGIS 作为 PostgreSQL 数据库的空间对象扩展模块，为 PostgreSQL 提供了大量的空间数据操作函数，以实现对空间对象的操作与管理。

1）基于 PostGIS 函数计算距离"东区学生食堂"100m 范围的校园建筑设施

（1）打开 Query 工具。在 PostgreSQL 数据库中，点击"Tools"菜单下的"Query Tool"，打开 Query 工具（图 3-20）。

（2）食堂 100m 缓冲区的构建。基于"POIs"数据集中查找东区学生食堂的具体位置，并做 100m 缓冲区，利用 PostGIS 的 ST_Buffer() 函数实现缓冲区计算，SQL 语句如下。

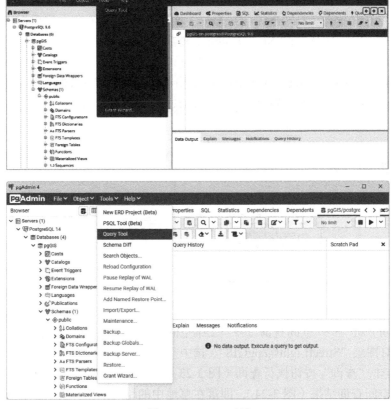

图 3-20 Query 工具

SELECT ST_Buffer (a.smgeometry,0.001）FROM public."POIs" a WHERE name = '东区学生食堂'

（3）缓冲区与校园建筑设施空间关系查询。基于校园建筑设施数据"All_Building"，利用 PostGIS 的 ST_Intersects()函数，查找出与缓冲区具有相交关系的校园建筑设施，构建的 SQL 语句如下。

SELECT * FROM public."All_Building" b WHERE ST_Intersects ((SELECT ST_Buffer (a.smgeometry,0.001) FROM public."POIs" a WHERE name = '东区学生食堂'),b.smgeometry)

（4）执行函数并获取结果。将（3）的 SQL 语句输入 Query 工具中，点击 ▶ 按钮，查询结果显示在工具下方的表格中。点击 smgeometry 字段右侧的 ◉ 按钮，可以查看几何图形（图 3-21）。

图 3-21 利用 PostGIS 函数计算

2）草坪与路灯的空间关系查询

本实验利用 GIS 软件（SuperMap iDesktop）实现对对象-关系型空间数据库的数据查询。通过对 pgGIS 数据源中的路灯（StreetLights）和草地（Grass）进行空间查询，得到位于草地内的路灯。

首先，将路灯（StreetLights）和草地（Grass）添加到同一个地图窗口，在图层管理器中点击路灯图层前的 按钮，取消路灯的可选择状态，然后在地图窗口中按 Ctrl+A 键，将草地图层中的面对象全部选中（图 3-22）。

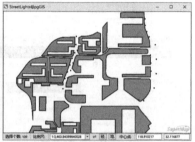

图 3-22　参与查询的图层

点击"空间分析"→"空间查询"→"二维空间查询"按钮，在弹出的"空间查询"对话框中，勾选路灯图层"StreetLights@pgGIS"，选中空间查询条件为"包含_面点"，勾选"保存查询结果"，点击"查询"按钮执行查询（图 3-23）。

最终获得空间查询结果（图 3-24），即落在草地中的路灯数据（SpatialQuery）。

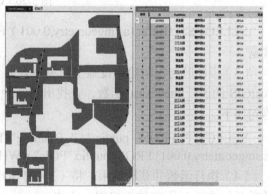

图 3-23　执行空间查询　　　　　　　　　图 3-24　空间查询结果

4. 实验结果

本实验最终成果为 PostGIS 数据库型数据源 pgGIS，具体内容如表 3-4 所示。

表 3-4　成果数据

数据名称	类型	描述
POIs	点	校园主要设施点数据集
StreetLights	点	校园路灯数据
BorderTree	点	校园行道树数据

数据名称	类型	描述
RoadLine	线	校园道路数据
All_Building	面	校园所有建筑物数据
Grass	面	校园草地数据
Wood	面	校园林地数据
SpatialQuery	点	落在草坪中的路灯数据

综上，本实验得到 1 个针对校园公共设施矢量空间数据的空间数据库，该数据库基于对象-关系型数据库 PostgreSQL 及其扩展模块 PostGIS 存储，分别通过 SuperMap iDesktop 和 PostgreSQL 数据库的管理工具 pgAdmin 对 PostgreSQL 数据库中的空间数据进行管理。

五、思考与练习

（1）什么是对象-关系型空间数据库管理？它有哪些优势与不足？

（2）什么是 PostGIS？它与 PostgreSQL 数据库之间是什么关系？

（3）基于本实验创建的 PostGIS 数据源，使用 GIS 软件查询位于紫金路上的行道树有哪些？

第四章 空 间 分 析

实验一 空间网络分析

一、实验场景

网络分析是通过模拟、分析网络的状态及资源在网络上的流动和分配，研究网络结构、流动效率及网络资源等的优化问题。在 GIS 中，网络分析是依据网络结构的拓扑关系，通过考察网络要素的空间及属性信息，以数学理论模型为基础，对地理网络、城市基础设施网络等网状事物进行地理分析。其根本目的是通过研究网络的形态，模拟和分析网络上资源的流动和分配，以实现网络上资源的优化配置。网络分析在城市交通规划、城市管线设计、服务设施分布选址、最优路线选择等方面都有着广泛的应用。

大学新生入学报到时，面对新的校园环境经常会遇到寻径的问题，例如，哪个校门距报到点最近？报到流程涉及的路线该如何规划？怎样快速走访宿舍周边的食堂、便利店、银行网点等校园设施？这些问题都涉及一个核心命题，即如何科学规划出发地和目的地之间的最短或最优路径。空间网络分析作为路径分析、中心寻址和资源分配等重要的 GIS 空间分析方法，将能解决新生报到时所遇到的诸多寻径问题。

本实验以地理科学学院新生报到面临的"路线规划"为应用场景，围绕查找距报到点最近的校门、报到点—缴费处—宿舍的最优路线、宿舍周边快速游路线的规划三个问题，基于校园路网及设施等空间数据，利用 GIS 软件中相应的网络分析工具，开展包括网络分析工具应用、分析结果可视化等在内的网络分析实验。

二、实验目标与内容

1. 实验目标与要求

（1）强化对网络分析原理及方法的理解。

（2）熟练掌握 GIS 软件网络分析工具的使用方法。

（3）结合实际，掌握利用网络分析方法解决空间分析问题的能力。

2. 实验内容

（1）最近设施查找。

（2）最佳路径分析。

（3）旅行商分析。

（4）分析结果可视化。

三、实验数据与思路

1. 实验数据

本实验数据采用 Campus.udbx 和 Campus.smwu（数据下载路径：第四章\实验一\实验数据），具体使用的数据明细如表 4-1 所示。

表 4-1 数据明细

数据名称	类型	描述
RoadNetwork	网络数据集	校园道路路网数据
POIs	点	校园主要设施点数据集
校园地图	地图	校园基础地图

2. 思路与方法

基于校园路网及公共设施等空间数据，利用"最近设施查找""最佳路径分析""旅行商分析"三种网络分析方法解决新生报到面临的"路线规划"问题。

（1）针对"查找距报到点最近的校门"的问题，采用兴趣点数据集中所有校门和报到点分别作为设施点和事件点，基于 GIS 软件的"最近设施查找"功能找出所有校门中距离报到点路程最近的校门。

（2）针对"报到点—缴费处—宿舍的最优路线"的规划问题，根据新生报到流程，以 POIs 数据集中的 2 号校门作为出发点，报到点、缴费处、宿舍依次作为有序目的地，基于 GIS 软件的"最佳路径"分析功能获得有序目的地的路线规划。

（3）针对"宿舍周边快速游路线"的规划问题，采用兴趣点数据集中的宿舍作为出发点，食堂、超市、医院作为无序目的地。基于 GIS 软件的"旅行商分析"功能得到宿舍周边快速游的最佳路径及其最佳游览顺序。空间网络分析流程如图 4-1 所示。

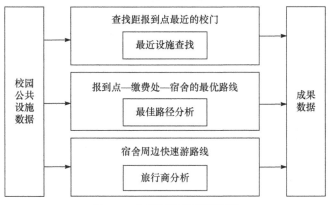

图 4-1 空间网络分析流程图

四、实验步骤

1. 最近设施查找

查找哪个校门距离报到点最近，是将学校所有校门作为设施数据，报到点（笃学楼）作为事件点数据，对其进行最近设施查找，得到最近的校门。

1）分析环境设置

打开道路网络数据 RoadNetwork 到地图窗口中，并在"交通分析"选项卡的"路网分析"组中，点击"最近设施查找"按钮（图 4-2），弹出"实例管理"和"环境设置"两个窗口。

在"环境设置"窗口中，可设置网络分析基本参数（如正/反向权值字段、结点/弧段标识字段等）、结果设置等参数，本实验以路线距离为最近设施查找的权重，并且假设所有道路都可双向行驶，不考虑交通规则，因此使用默认设置即可（图 4-3）。

图 4-2　选择最近设施查找　　　　　　　　　　图 4-3　环境设置窗口

2）事件点设置

在"实例管理"窗口（图 4-4）中，右键点击"事件点"→"导入…"，弹出"导入事件点"对话框，设置数据源为"Campus"，数据集为"POIs"，名称字段为"Name"，设置结点过滤条件为"Name = '笃学楼'"，勾选"清除现有站点"，点击"确定"按钮（图 4-5）。

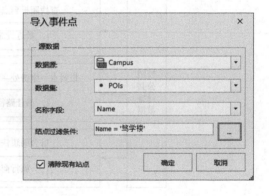

图 4-4　实例管理窗口　　　　　　　　　　图 4-5　导入事件点

3）设施点设置

在"实例管理"窗口中，右键点击"设施点"→"导入…"，在弹出的"导入设施点"对话框中，设置数据源为"Campus"，数据集为"POIs"，名称字段为"Name"，设置过滤条件为"Name Like '%门'"，勾选"清除现有站点"，点击"确定"按钮，在"实例管理"窗口可以看到事件点以及设施点的数据列表，如图 4-6 和图 4-7 所示。

4）最近设施查找分析参数设置

在"实例管理"窗口中点击"参数设置"按钮 ⚙，弹出"最近设施查找设置"对话框，对最近设施查找分析参数进行设置，查找方向设置为"设施点->事件点"，设施点个数设置为1，点击"确定"按钮（图 4-8）。

图 4-6 导入设施点

图 4-7 事件点和设施点添加结果

5）最近设施查找分析执行

在"实例管理"窗口中点击"分析"按钮 ▶，执行分析，得到 2 号校门距离报到点最近的结果（图 4-9）。

图 4-8 最近设施查找设置

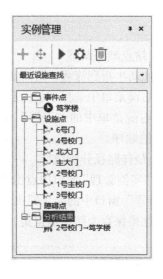

图 4-9 分析结果

2. 最佳路径分析

根据新生报到流程中涉及的 3 个目的地和上一步分析得到的最近校门，按照最近校门（2号校门）→入学报到处（笃学楼）→学校财务处（厚生楼大厅）→地理科学学院的学生宿舍（西苑宿舍）的先后顺序，为入学新生规划出一条办理入学手续的最短路线。

1）站点设置

在"交通分析"选项卡的"路网分析"组中，点击"最佳路径"按钮（图 4-10）。

在弹出的"实例管理"窗口中，右键点击"站点"→"导入"，弹出"导入站点"对话框，设置报名办事点的数据。设置数据源为"Campus"，数据集为"POIs"，名称字段为"Name"，结点过滤条件设置为 "Name in（'2 号校门', '厚生楼', '笃学楼', '西苑宿舍'）"，勾选 "清除现有站点"，点击 "确定" 按钮（图 4-11）。

图 4-10　选择最佳路径

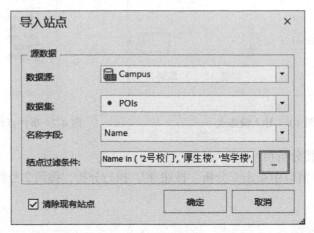

图 4-11　导入站点

2）站点顺序调整

按照新生报到流程，调整站点顺序。在网络分析实例管理窗口中右键点击 "2 号校门" 站点，在右键菜单中选择 "设为起点"（站点列中第一个站点默认为起始点），将 "笃学楼" 站点通过右键菜单中的 "上移" 命令调整到 "厚生楼" 站点之上。按照这种方法依次调整各个站点的顺序。

3）最佳路径分析执行

在 "实例管理" 窗口中点击 "分析" 按钮 ▶ 执行分析。分析得到入学报到的最短路线（即 "实例管理" 窗口中的结果路由）（图 4-12），右键点击 "结果路由" 选择 "保存为数据集"，将分析结果保存为路由数据集 "新生报到路线"（图 4-13）。

图 4-12　分析结果

图 4-13　保存结果路由

3. 旅行商分析

宿舍周边快速游是从宿舍（西苑宿舍）出发到西区超市、西区食堂、医院等多个目的地的游览。这种游览属于单源点到多点的最优路径分析，而且到达多个目的地没有顺序要求，通常通过旅行商分析进行路线规划以获取所有路程耗费总和最小的最佳路线。

1）旅行商分析参数设置

在"交通分析"选项卡"路网分析"组中，点击"旅行商分析"按钮（图4-14）。在弹出的"实例管理"窗口中，将西苑宿舍、西区食堂、西区超市、校医院导入为站点，导入时注意设置过滤条件为"Name in（'西区食堂','西区超市','西苑宿舍','医院'）"，勾选"清除现有站点"，点击"确定"按钮（图4-15）。

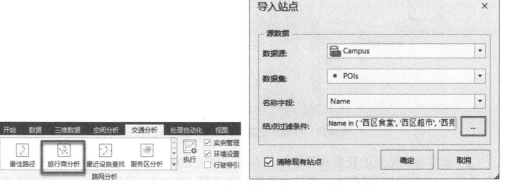

图 4-14　选择旅行商分析　　　　　　　　　　图 4-15　导入站点

2）旅行商分析执行

在"实例管理"窗口中，选中"西苑宿舍"站点，点击右键，在弹出的菜单中选择"起点"。然后点击"分析"按钮▶执行分析，得到最短路线（即"实例管理"窗口中的结果路由）（图4-16），并将分析结果保存为路由数据集"宿舍周边快速游路径"（图4-17）。

图 4-16　设置西苑宿舍为起点　　　　　　　　图 4-17　保存结果路由

4. 分析结果可视化

获取路线规划结果"新生报到路线"和"宿舍周边快速游路径"后，需要将分析结果结合校园地图直观地表达出来，通过符号表达的方法实现分析结果的可视化，保存为地图。

1）新生报到路线可视化地图表示

（1）打开"校园地图"，进行新生报到路线可视化。将新生报到路线结果"新生报到路线"添加到"校园地图"中，选中"新生报到路线@Campus"图层，右键选择"图层风格…"，在风格窗口中搜索"箭头"，在搜索结果中选择"箭头（线段中心）"线型风格，线宽度设置为"1.2"，线颜色设置为红色，以突出路线规划成果（图 4-18）。

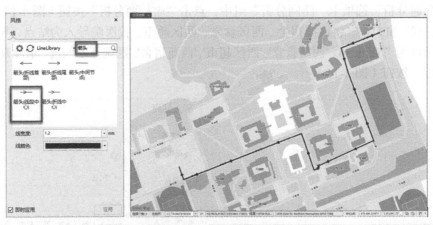

图 4-18　设置游览路线的线型风格和配置结果

（2）新生报到站点的获取和符号化。点击"空间分析"选项卡"查询"组中的"SQL 查询"按钮，在弹出的对话框中，参与查询的数据选择"POIs"，设置查询参数将新生报到站点查询出来，勾选"保存查询结果"，设置保存查询结果中的数据集名称为"QueryResult_新生报到站点"（图 4-19）。查询参数如下。

查询字段：POIs.*

查询条件：POIs.Name in（'2 号校门','笃学楼','厚生楼','西苑宿舍'）

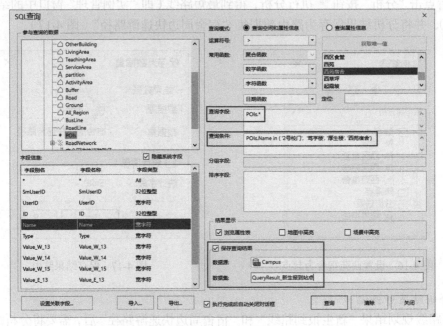

图 4-19　SQL 查询

将查询结果"QueryResult_新生报到站点"数据集添加到
"校园地图"中，选中该图层，右键选择"图层风格"，在"风
格"窗口中点击✿按钮，在弹出的点符号选择器中的当前符号库
搜索"站点标注"，选择"站点标注"符号作为新生报到站点的
符号（图4-20）。

图4-20　设置站点的符号风格

（3）新生报到路线图注记制作。在"校园地图"窗口中，
为新生报到站点图层"QueryResult_新生报到站点@Campus"
制作标签专题图[1]。选中该图层，右键选择"制作专题图"→"标
签专题图"→"统一风格"，点击"确定"按钮。在专题图"风
格"标签下设置字体名称为"微软雅黑"，对齐方式为"中下点"，
字号为"12"，文本颜色为红色，在字体效果中勾选"加粗""背景透明""轮廓"，并设置轮
廓为2像素。最后，在地图空白处点击右键，选择"地图另存为"，在弹出的对话框中输入
另存地图名称"新生报到路线图"（图4-21）。

图4-21　设置报到站点的字体风格和新生报到路线图

2）宿舍周边快速游路线可视化地图表示

（1）站点查询。通过"SQL查询"设置查询参数将宿舍周边游的站点查询出来，保存为
"QueryResult_宿舍周边站点"数据集（图4-22）。查询参数如下：

查询字段：POIs.*

查询条件：POIs.Name in（'西苑宿舍','西区食堂','西区超市','医院'）

（2）路线图制作。将站点查询结果"QueryResult_宿舍周边站点"数据集和旅行商分析的
结果数据"宿舍周边快速游路径"数据集添加到"校园地图"中，为"宿舍周边快速游路径"
对应的图层配置线型风格为"箭头（线段中心）"，线宽度为"1.2"，线颜色为红色，以突出路
线规划成果。为宿舍周边站点图层"QueryResult_宿舍周边站点@Campus"设置图层风格并制
作标签专题图，该图层风格和专题图风格设置与新生报到站点方法一致。最后，将当前地图

① 制作专题图时，软件会自动以原图层名称加"#1"构成新图层名称。后文也有此情况，在此处统一说明。

另存为一幅新的地图"宿舍周边快速游路线图",并保存工作空间(图 4-23)。

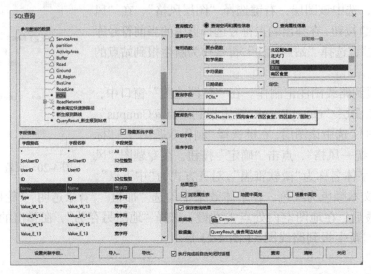

图 4-22　宿舍周边站点查询

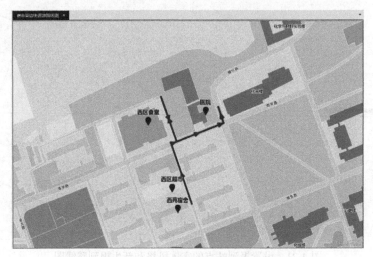

图 4-23　宿舍周边快速游路线图

5. 实验结果

本实验最终成果为 Campus.udbx 和 Campus.smwu(数据下载路径:第四章\实验一\成果数据),具体内容如表 4-2 所示。

表 4-2　成果数据

数据名称	类型	描述
新生报到路线	路由数据集	新生报到路线的路由数据
宿舍周边快速游路径	路由数据集	宿舍周边快速游路线的路由数据
新生报到路线图	地图	新生报到路线规划的可视化成果
宿舍周边快速游路线图	地图	宿舍周边快速游路线规划的可视化成果

综上，本实验分析得到 1 个距离报到点最近的校门（2 号校门）、2 条规划路线（新生报到路线、宿舍周边快速游路线）及其对应的 2 幅可视化成果图（新生报到路线图、宿舍周边快速游路线图）。

五、思考与练习

（1）在本实验中查找最佳报到路线使用的是"最佳路径分析"，查找宿舍周边多个目的地的快速游览路线使用的是"旅行商分析"，简述"最佳路径分析"与"旅行商分析"在适用场景上有什么区别？

（2）若在宿舍周边游览时，最后需要回到西苑宿舍，应该如何规划游览路线？

（3）请基于实验数据 Campus.udbx 中的主要设施点数据"POIs"和道路数据"RoadLine"，使用 GIS 软件的网络分析工具获取西区超市周边主要设施，计算以 1m/s 的步行速度，10min 步行距离为半径可覆盖服务到的区域范围。

实验二　栅格数据分析

一、实验场景

栅格数据在 GIS 中也被称为格网、栅格地图、表面覆盖或空间影像，由具有行、列位置及单元属性的格网组成。栅格数据模型作为人们用抽象的概念视图对客观地理现象或实体所作的描述，通过一定的数学方法，把空间提炼成模型，并通过计算机的编码理论、存储方式与表现方法，以一定的数据结构进行表述。栅格数据模型采用规则的格网覆盖到一定的地域空间，每个单元值表示与该单元所在位置相对应的空间现象的特征。栅格数据分析以单元和格网为基础，既可以对单个单元或单元组进行分析，也可以对整个格网的所有单元进行分析。作为 GIS 空间分析的两大支柱之一，栅格数据分析具有原理简单、易于实现、执行效率高的特点，其定位精度低、易受内存限制等缺点也随着计算机处理性能及内存容量的快速发展而不断弱化。由于栅格影像数据应用的不断深入，且其具有数据结构适合空间分析应用的优势，基于栅格的空间分析已日益成为空间分析的重要方法。

本实验以"校园山顶凉亭景观的登山步道规划设计"为应用场景，基于校园地形数据，为某校园计划修建的山顶观景凉亭设计一条平缓的登山路线，以最快到达山顶凉亭。本实验涉及几个核心需求问题，如怎样选择一条尽量平缓轻松的登山路线？如何尽可能选择最短距离的登山路线？若需要新建登山步道，该路线怎样设计可有效避开并保护作为自然景观的原始水域？登山步道的设计要求如下：①水域保护，登山步道路线设计应适应原本的地形水文条件，避让保护已有的水域。②步道路线设计，新增的登山步道要求从饮露池原有的登山入口出发，设计一条满足以上要求的登山步道路线。

二、实验目标与内容

1. 实验目标与要求

（1）强化对栅格分析原理及方法的理解。

（2）熟练掌握 GIS 软件栅格分析工具的使用方法。

（3）结合实际，掌握利用栅格分析方法解决空间分析问题的能力。

2. 实验内容

（1）坡度分析。

（2）邻域统计。

（3）栅格重分级。

（4）栅格代数运算。

（5）生成距离栅格。

（6）计算最短路径。

三、实验数据与思路

1. 实验数据

本实验数据采用 GridAnalyst.udbx（数据下载路径：第四章\实验二\实验数据），具体使用的数据明细如表 4-3 所示。

表 4-3 数据明细

数据名称	类型	描述
DEM	栅格	校园地形数据
Water	栅格	校园中的湖泊、水池、游泳池等水域数据
Pavilion	面	山顶观景台
Entrance	点	登山入口点

2. 思路与方法

基于数字高程模型数据获取最短路径，主要通过坡度计算和邻域统计、栅格重分级、栅格代数运算、生成距离栅格和最短路径四个关键步骤实现（图 4-24）。

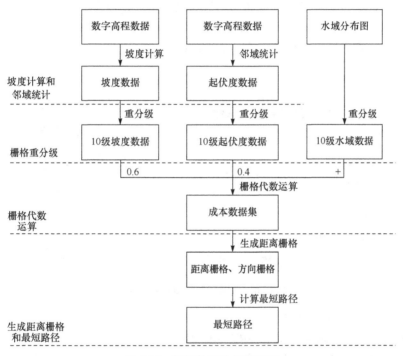

图 4-24 栅格数据分析流程图

（1）基于校园高程数据，利用 GIS 软件的"坡度计算"和"邻域统计"功能计算出校园坡度数据及起伏度数据。

（2）利用"栅格重分级"功能将坡度数据、起伏度数据及水域数据重分类到相同的等级范围。

（3）利用"栅格代数运算"功能按照权重值对坡度数据、起伏度数据和水域数据进行运算得到成本数据集。

（4）利用"生成距离栅格"功能计算成本数据集中各单元到源点的成本距离和方向数据集，利用"计算最短路径"功能提取步道最短路径。

四、实验步骤

1. 利用坡度分析获取坡度数据

图 4-25　栅格分析环境设置

打开数据源 GridAnalyst.udbx，在栅格分析前需先设置栅格分析环境，点击"空间分析"选项卡下的"栅格分析"组中的"环境设置"按钮，在弹出的"栅格分析环境设置"对话框中结果数据地理范围的设置方式选择"所有数据集的交集"，默认输出分辨率的设置方式选择"如 DEM@GridAnalyst 的分辨率"，点击"确定"按钮，如图 4-25 所示。

点击"空间分析"选项卡"栅格分析"组"表面分析"中的"坡度分析"按钮，在弹出的"坡度分析"对话框中，源数据的数据集选择"DEM"，坡度单位类型选择"角度"，结果数据集名称设置为"SlopResult"，点击"确定"按钮，生成坡度栅格数据"SlopResult"（图 4-26）。

图 4-26　坡度分析参数设置和结果

2. 邻域统计获取起伏度数据

点击"空间分析"选项卡"栅格分析"组"栅格统计"中的"邻域统计"按钮，在弹出的"邻域统计"对话框中，源数据的数据集选择"DEM"，勾选"忽略无值数据"，统计模式选择"值域"，单位类型选择"行列数"，邻域形状选择"矩形"，宽度、高度保持默认，结果数据集名称设置为"Neighbour"，点击"确定"按钮，生成起伏度栅格数据"Neighbour"（图 4-27）。

图 4-27　邻域统计参数设置和结果

3. 统一坡度、起伏度、水域数据的等级范围

点击"数据"选项卡"数据处理"组中的"栅格重分级"按钮，在弹出的对话框中，源数据的数据集选择"SlopeResult"，像素格式保持默认，范围区间选择"左闭右开"，级数设置为"10"，结果数据集名称设置为"Slope_Reclass"，点击"确定"按钮，生成坡度成本数据集"Slope_Reclass"。

重复上述步骤，依次为 Neighbour、Water 进行相同等级的重分级操作，分别得到起伏度成本数据集"Neighbour_Reclass"和水域成本数据集"Water_Reclass"，如图 4-28 所示。

图 4-28 栅格重分级参数设置

4. 利用栅格代数运算获取成本数据

点击"数据"选项卡"数据处理"组中的"代数运算"按钮，在弹出的对话框中，结果数据集设置为"MathAnalystResult"，输入计算公式："[GridAnalyst.Water_Reclass]+（[GridAnalyst.Slope_Reclass]*0.6+[GridAnalyst.Neighbour_Reclass] * 0.4）"。

勾选"忽略无值栅格单元"，点击"确定"按钮，生成成本数据集"MathAnalystResult"（图 4-29）。

5. 利用生成距离栅格计算距离方向

点击"空间分析"选项卡"栅格分析"组"距离栅格"中的"生成耗费距离栅格"按钮，在弹出的"生成距离栅格"对话框中，源数据的数据集选择"Entrance"，耗费数据的数据集选择"MathAnalystResult"，结果数据中距离数据集设置为"DistanceGrid"，方向数据集设置为"DirectionGrid"，分配数据集设置为"AllocationGrid"，其他参数保持默认，点击"确定"按钮，生成距离栅格数据（图 4-30）。

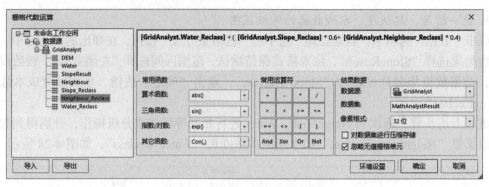

图 4-29　栅格代数运算参数设置

图 4-30　生成距离栅格参数设置

6. 计算最短路径获取步道路线

点击"空间分析"选项卡"栅格分析"组"距离栅格"中的"计算最短路径"按钮，在弹出的"计算最短路径"对话框中，目标数据的数据集选择"Pavilion"，距离数据的数据集选择"DistanceGrid"，方向数据的数据集选择"DirectionGrid"，路径类型选择"像元路径"，点击"确定"按钮，得到最短路径数据集"CostPathResult"（图 4-31）。

图 4-31　计算最短路径参数设置

将数据集 CostPathResult、DEM 添加到同一个地图窗口，CostPathResult@GridAnalyst 图层置于地图最上层，选中图层 CostPathResult@GridAnalyst，点击右键，选择"图层属性"，在图层属性窗口"栅格参数"中勾选"特殊值透明显示"并将特殊值设置为"0"，得到登山步道规划的最短路径，如图 4-32 所示。

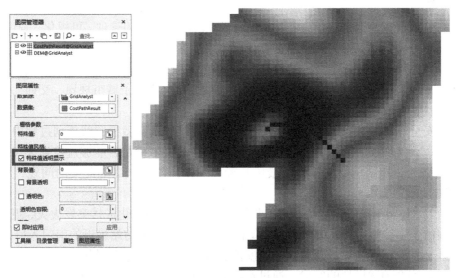

图 4-32 登山步道最短路径

7. 实验结果

本实验最终成果为 GridAnalyst.udbx（数据下载路径：第四章\实验二\成果数据），具体内容如表 4-4 所示。

表 4-4 成果数据

数据名称	类型	描述
CostPathResult	栅格数据	登山步道最短路径数据

综上，本实验分析得到一条登山步道最短路径"CostPathResult"。

五、思考与练习

（1）在本实验中统计登山步道长度时得到的距离属于地表距离还是直线距离？请思考两者有什么区别。

（2）山体植被是校园主要自然景观之一，通过栅格分析方法如何规划喜阴或者喜阳的植被应该分布在山体的哪些区域？

（3）假设校方需要在半山坡上修建一个朝向山坡东侧采月湖、面积不低于 10m²、高程不低于山顶高程三分之二的休息平台，供登山者休息和观景使用，为节约建造成本要求平台范围内的坡度不超过 10°，请思考如何基于校园地形和矢量数据，利用 GIS 的栅格分析工具筛选出可作为该休息平台的选址区域，以及如何计算该休息平台的建造需要分别填、挖多少沙土。

实验三　三维 GIS 空间分析

一、实验场景

三维 GIS 软件作为数字底盘，可以实现海量动态时空数据的管理、可视化、查询和分析，其中三维空间分析包括三维空间距离量算、三维缓冲区分析、可视域分析、通视分析、三维网络分析等各种复杂的分析能力。随着三维 GIS 技术的快速发展和三维可视化技术的日趋成熟，三维 GIS 空间分析表现出了更高的实用性，如今广泛应用于城市规划、交通、环保、应急救灾、地质等领域。

以消防安全应急预案应用为例，在应急预案的三维仿真和救援路线规划过程中，常常遇到如下问题：火灾现场的火焰仿真如何实现？已安装的摄像机是否能够监控到火灾现场的情况？道路网络的拓扑结构如何构建？最优救援路径如何规划？诸如此类的问题，均可借助 GIS 软件解决。

本实验以"校园消防安全应急预案模拟"为应用场景，假设化成楼突发火灾，距离校园最近的消防站位于学校南面，火灾位置、摄像机位置以及距离消防站最近的南门入口如图 4-33 所示，请基于校园三维场景，开展以火灾模拟、摄像机监控模拟和救援路线规划为主的三维 GIS 辅助消防安全预案模拟的实验。通过本次实验同学们可体验三维粒子特效制作、可视域分析和网络分析等三维 GIS 功能，加深对三维 GIS 辅助行业应用的理解。

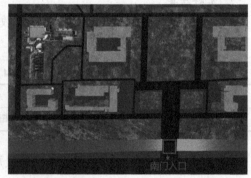

图 4-33*　化成楼火灾位置、摄像机位置以及南门入口

二、实验目标与内容

1. 实验目标与要求

（1）了解利用 GIS 软件制作三维粒子特效的方法。

（2）掌握使用 GIS 软件进行可视域分析、最佳路径分析的具体操作流程。

2. 实验内容

（1）火灾效果模拟。

（2）摄像机监控模拟。

（3）救援路线规划，主要包括道路网络数据构建、最佳路径分析和行驶模拟。

三、实验数据与思路

1. 实验数据

本实验数据采用工作空间文件 Campus.smwu、文件型数据源 Campus.udbx、纹理贴图文件夹 Texture 和消防车模型文件夹 model（数据下载路径：第四章\实验三\实验数据），具体使用的数据明细如表 4-5 所示。

表 4-5 数据明细

数据名称	类型	描述
landmarkBuilding	模型数据集	校园标志性建筑（化成楼、仙林宾馆、学海楼和敬文图书馆）的模型数据，存储于 Campus.udbx 中
otherBuilding	面数据集	校园其他建筑的面数据，存储于 Campus.udbx 中
Road	面数据集	校园道路面数据，存储于 Campus.udbx 中
Water	面数据集	校园水域面数据，存储于 Campus.udbx 中
ActivityArea	面数据集	校园篮球场、田径运动场、广场等活动场地的面数据，存储于 Campus.udbx 中
Wood	面数据集	校园林地区域面数据，存储于 Campus.udbx 中
Grass	面数据集	校园草地区域面数据，存储于 Campus.udbx 中
Tree	点数据集	校园北区树木的点数据，存储于 Campus.udbx 中
securityCamera	三维点数据集	距离火灾最近的摄像机位置，存储于 Campus.udbx 中
fireLane	三维线数据集	校园消防车道的中心线数据，存储于 Campus.udbx 中
model	文件夹	包括消防车三维模型及消防车纹理文件夹 Textures
Texture	文件夹	包括校园其他建筑、林地和草地的纹理文件，分别与 otherBuilding、Wood 和 Grass 数据集的纹理字段对应
Campus.smwu	工作空间文件	关联存储校园地理要素的文件型数据源 Campus.udbx，存储校园三维场景 Campus3D 和符号库

2. 思路与方法

校园消防安全应急预案模拟具体思路如下。

（1）针对"火灾效果模拟"制作过程，利用 GIS 软件的"新建数据集"和"对象绘制"功能新建 CAD 数据集，并根据火灾位置添加粒子对象到 CAD 数据集中。

（2）针对"摄像机监控模拟"制作过程，通过 GIS 软件的"风格设置"和"可视域分析"功能将距离火灾现场最近的摄影机监控范围显示到三维场景中，设置摄像头的符号风格，并模拟火情的远程确认与监控。

（3）针对"救援路线规划"制作过程，通过 GIS 软件的"拓扑构网"和"最佳路径"功能进行南门入口到火灾位置的最近救援路径规划。三维 GIS 空间分析流程如图 4-34 所示。

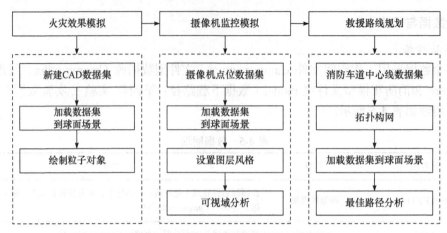

图 4-34　三维 GIS 空间分析实验流程

四、实验步骤

1. 火灾效果模拟

1) 新建 CAD 数据集

在 SuperMap iDesktop 中打开工作空间文件 Campus.smwu。在工作空间管理器中，选中"Campus"数据源，右键菜单选择"新建数据集…"。在弹出的"新建数据集"对话框中，选择创建类型为"CAD"，设置数据集名称为"Particle"，设置坐标系为"GCS_WGS 1984"，其他参数采用默认值，点击"创建"按钮，如图 4-35 所示。

图 4-35　新建 CAD 数据集

2) 绘制粒子对象

在工作空间管理器中，双击"场景"节点下的"Campus3D"三维场景，右键选中"Particle"数据集，在右键菜单中选择"添加到当前场景"。在图层管理器中，激活"Particle@Campus"图层前端的 按钮，设置图层为可编辑状态。在"对象绘制"选项卡的"粒子对象"组中，点击"火焰"按钮。在三维场景窗口中，使用鼠标切换相机视角，放大到火灾位置，点击鼠标左键添加火焰对象，如图 4-36 所示。

2. 摄像机监控模拟

1) 设置图层风格

在工作空间管理器中，右键选中"securityCamera"数据集，在右键菜单中选择"添加到

图 4-36* 化成楼火灾模拟

当前场景"。在图层管理器中，右键选中"securityCamera@Campus"图层，在右键菜单中选择"图层风格..."。在弹出的"点符号选择器"对话框中，搜索并选择名为"摄像头"的符号，设置符号大小为 35，其他参数选择默认值，点击"确定"按钮，如图 4-37 所示。

图 4-37 图层风格设置

2）可视域分析

在"三维分析"选项卡的"空间分析"组中，点击"可视域分析"按钮。在弹出的"三维空间分析"面板中，点击⊞按钮。在三维场景窗口中，通过鼠标调整相机视角，依次根据摄像机位置和火灾位置，点击左键绘制起点（摄像头位置）、终点（火灾位置），点击右键结束绘制，如图 4-38 所示。

在"三维空间分析"面板中，修改附加高度为 0，其他参数采用默认值，如图 4-39 所示。

图 4-38 绘制可视域分析起点

图 4-39* 可视域分析

3. 救援路线规划

1）构建网络数据集

在"交通分析"选项卡的"路网分析"组中，点击"拓扑构网"按钮，在下拉菜单中选择"构建三维网络"选项。在弹出的"构建三维网络数据集"对话框中，设置结点数据的数据集为空，弧段数据的数据集为"fireLane"数据集，打断设置选择"线线自动打断"，结果设置的数据集为"fireLaneNetWork"，其他参数采用默认值，点击"确定"按钮，如图 4-40 所示。

图 4-40 构建三维网络数据集

说明：在构建网络数据集之前，通常需要对参与构网的数据集进行拓扑检查与修复，以排除不符合拓扑规则的对象，保证数据质量。本实验中，假设采用的道路中心线"fireLane"已完成数据质量检查与处理。

2）最佳路径分析

工作空间管理器中，选中"fireLaneNetWork"数据集，在右键菜单中选择"添加到当前场景"。在"交通分析"选项卡的"路网分析"组中，点击"最佳路径"按钮。在弹出的"实例

管理"面板中,点击⊞按钮。在三维场景窗口中,通过鼠标调整相机视角,依次根据南门位置
和火灾位置,点击左键绘制路线站点,如图 4-41 所示。

图 4-41* 绘制站点

在"环境设置"面板中,采用默认参数设置。在"实例管理"面板中,点击▶按钮,如
图 4-42 所示。

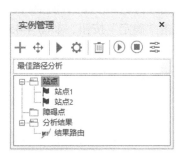

图 4-42 环境设置与实例管理面板

说明:在"环境设置"面板中,正向/反向权值字段均采用默认的 SmLength 字段,即存储
几何对象长度的系统字段,将其作为救援路径规划的耗费字段。

在当前三维场景中,将自动加载最佳路径分析的结果路由数据,即站点 1(南门)到站点
2(化成楼火灾位置)的最短路径,如图 4-43 所示。

在"实例管理"面板中,右键点击"结果路由"节点,在右键菜单中选择"保存为数据
集",在弹出的"保存为数据集"对话框中,设置数据集为"Path",点击"确定"按钮,如
图 4-44 所示。

图 4-43　最佳路径分析结果

图 4-44　保存路由结果

　　在"实例管理"面板中，点击 按钮，在弹出的"播放参数设置"对话框中，选择模型设置的播放模型为"自定义模型"，模型路径选择 model 文件夹中的 firetruck.SGM，其他参数采用默认值，点击"确定"按钮，如图 4-45 所示。

图 4-45　播放参数设置

　　在"实例管理"面板中，点击播放按钮 ，在当前场景中，使用鼠标切换相机视角，即可查看消防车模型沿规划路线行驶的效果，如图 4-46 所示。

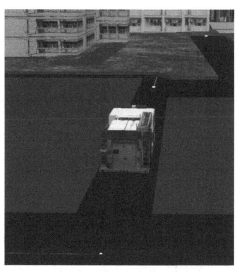

图 4-46　消防车行驶模拟

　　在"实例管理"面板中，右键点击"结果路由"节点，在右键菜单中选择"保存为动画模型…"，在弹出的对话框中，设置文件名为"Pathguide.kml"，点击"保存"按钮，如图 4-47 所示。

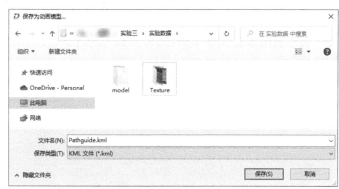

图 4-47　结果路由保存

　　在工作空间管理器中，右键点击"Campus"工作空间节点，在右键菜单中选择"保存工作空间"，在弹出的"保存"对话框中，采用默认参数，点击"保存"按钮，如图 4-48 所示。

图 4-48　成果保存

4. 实验结果

本实验最终成果为 Campus.smwu、Campus.udbx 和 Pathguide.kml（数据下载路径：第四章\实验三\成果数据），具体内容如表 4-6 所示。

表 4-6　成果数据

数据名称	类型	描述
Particle	CAD 数据集	化成楼火焰特效，存储于 Campus.udbx 中
fireLaneNetWork	三维网络数据集	校园消防车道的网络数据，存储于 Campus.udbx 中
Path	三维线数据集	校园消防安全应急预案的规划路线，存储于 Campus.udbx 中
Pathguide.kml	KML 文件	最佳路径分析结果，即从南门到化成楼火灾点的消防车行驶模拟动画
Campus3D	三维场景	化成楼消防救援的三维仿真，存储于工作空间文件 Campus.smwu 中

综上，本实验的实验结果为基于校园消防车道、摄像机点位、校园三维场景等数据，经过对象绘制、可视域分析和最佳路径分析等操作，获得的火灾现场三维仿真、消防救援路径规划和行驶模拟效果，以辅助校园消防安全应急预案制作。

五、思考与练习

（1）在使用网络数据集进行路径分析时，能否添加交通规则的约束？如果可以，请简述实验思想。

（2）若火灾附近存在多个摄像机，是否能够同时分析出多个可视域，并且确定多个摄像机的拍摄死角？

（3）请利用粒子对象功能，在场景的湖泊中心绘制一个喷泉。

实验四 时空轨迹数据分析

一、实验场景

时空轨迹（trajectory）是移动对象的位置和时间的记录序列。作为一种重要的时空对象数据类型和信息源，时空轨迹的应用范围涵盖了人类行为、交通物流、应急疏散管理、动物习性和市场营销等诸多方面。通过对各种时空轨迹数据进行分析，可以获得数据中有趣的、隐藏的、未知的知识，发现其中有意义的模式。

本实验以"校车路线规划"为应用场景，基于校内手机信令数据，为某校内班车设计一条经济便捷的校车路线，以满足校园广大师生的出行需求。实验涉及几个核心问题，如工作日全天24小时全校师生出行轨迹有何特征；哪些路段是广大师生通行率最大的路段；哪个时间段校内出行人员较多，覆盖哪些区域等。本实验对校车路线的规划要求如下：①校车路线选线要求，基于校内师生的活动轨迹，采取"优先选择与高频活动轨迹重合的路段"的原则。②路段类型要求，校车路线所经路段要求全部为可供车辆通行的校内路段。③校车站点要求，首先为满足教师到各个教学楼上课或到办公室办公的出行需求，校车路线的发车站点必须设在教师宿舍楼所在的茶苑区域；其次校医院作为重要公共服务设施必须开设站点。④发车方向要求，要求发车方向为自西向东，自南向北。⑤发车路线长度控制，在满足以上要求的前提下，得到一定的校车设计路线，再结合"校车路线长度最短为宜"的原则，减少绕路的情况。

二、实验目标与内容

1. 实验目标与要求

（1）强化对大数据分析原理及方法的理解。

（2）熟练掌握 GIS 软件时空大数据可视化工具和空间统计分析工具的使用方法。

（3）结合实际，掌握利用时空大数据分析方法解决空间分析问题的能力。

2. 实验内容

（1）点数据转线数据。

（2）核密度分析。

（3）栅格重分级。

（4）栅格矢量化。

（5）SQL 查询。

（6）叠加分析。

（7）网络分析。

三、实验数据与思路

1. 实验数据

本实验数据采用 BigDataAnalyst.udbx（数据下载路径：第四章\实验四\实验数据），具体使用的数据明细如表 4-7 所示。

表 4-7　数据明细

数据名称	类型	描述
Points	点	校园手机信令数据
POIs	点	校园兴趣点数据
BusStopRequired	点	基于实验要求，校车必经的站点数据
RoadLine	线	校园道路数据

2. 思路与方法

基于手机信令数据、校园道路数据、校车必经的站点数据及校园主要设施点等进行时空轨迹数据分析，主要通过高频活动轨迹分析、高频车行道提取，以及校车路线规划三个关键步骤实现。

（1）高频活动轨迹分析。首先，基于手机信令数据的时间和用户 ID 属性，利用 GIS 软件的"类型转换"功能为每个手机用户按照时间顺序提取表达活动轨迹的线数据；其次，利用软件的"核密度分析"功能分析校内人员活动轨迹密度；最后，运用"栅格重分级"、"栅格矢量化"和"SQL 查询"功能将高频活动轨迹筛选出来，作为校车路线的优先选择路段。

（2）高频车行道提取。基于校园道路数据，利用软件"SQL 查询"功能，提取可供校车通行的车行道；然后利用"叠加分析"功能，将其与高频活动轨迹数据求交，提取出能够允许校车通行的高频车行道路段。

（3）校车路线规划。利用软件"拓扑处理"工具，构建车行道路网数据，并利用软件"最佳路径"分析功能规划校车路线。时空轨迹数据分析流程如图 4-49 所示。

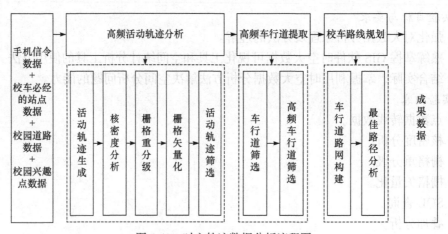

图 4-49　时空轨迹数据分析流程图

四、实验步骤

1. 高频活动轨迹分析

根据校车路线选线要求，采取"优先选择与高频活动轨迹重合的路段"的原则，选出客流量大的路线优先设线，保证设计的校车路线能覆盖这些出行需求较大的路段。

1）活动轨迹生成

基于手机信令数据生成手机用户的活动轨迹。在 SuperMap iDesktop 的功能区中选择"数据"选项卡"数据处理"组"类型转换"中的"点数据->线数据"，在弹出的"点数据->线数据"对话框中，设置待转换的源数据集为手机信令数据"Points"，设置连接字段为"SJXL"，设置排序字段为"TIME"，结果数据集命名为"Trajectory"，点击"转换"按钮，得到反映个体活动轨迹的线数据"Trajectory"（图4-50和图4-51）。

图4-50 点数据转线数据参数设置　　　　　　　图4-51 活动轨迹数据

2）核密度分析

选择"空间分析"选项卡"栅格分析"组"密度分析"中的"核密度分析"，在弹出的"核密度分析"对话框中，设置源数据中的数据集为"Trajectory"，设置密度字段为空，设置查找半径为"0.0003"，点击"确定"按钮，得到活动轨迹的核密度分析结果"KernelDensityResult"（图4-52和图4-53）。

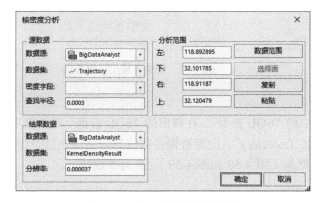

图4-52 核密度分析参数设置　　　　　　　图4-53 核密度分析结果数据

3）栅格重分级

选择"数据"选项卡"数据处理"组中的"栅格重分级"，在弹出的"栅格重分级"对话框中，源数据选择核密度分析结果"KernelDensityResult"，修改级数为"6"，其他参数使用默认参数，点击"确定"按钮，得到重分级栅格数据"ReclassResult"（图4-54和图4-55）。

4）栅格矢量化

选择"空间分析"选项卡"栅格分析"组"矢栅转换"中的"栅格矢量化"，在弹出的"栅格矢量化"对话框中，设置源数据的数据集为"ReclassResult"，修改结果数据的数据集名称为"VectorizeResult_Trajectory"，其他参数保持默认，点击"确定"按钮，得到活动轨迹的面数据"VectorizeResult_Trajectory"（图4-56和图4-57）。

图 4-54　栅格重分级参数设置

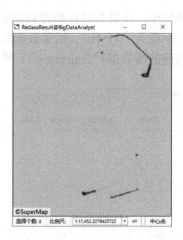

图 4-55　活动轨迹数据

图 4-56　栅格矢量化参数设置

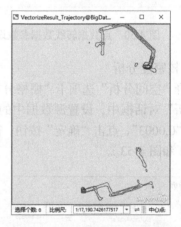

图 4-57　栅格矢量化结果数据

5）活动轨迹筛选

选择"空间分析"选项卡"查询"组中的"SQL 查询"，在弹出的"SQL 查询"对话框中，选择参与查询的数据集为"VectorizeResult_Trajectory"，设置查询参数将高频活动轨迹查询出来，保存为"QueryResult_Trajectory"数据集（图 4-58 和图 4-59）。查询参数如下。

图 4-58　SQL 查询参数设置

图 4-59　高频活动轨迹数据

查询字段：VectorizeResult_Trajectory.*

查询条件：VectorizeResult_Trajectory.value >= 3

2. 高频车行道提取

根据校车对路段类型的要求，从校园道路中提取可供校车通行的道路，并优先选择可覆盖高频活动轨迹的车行道路段。

1) 车行道筛选

选择"空间分析"选项卡"查询"组中的"SQL查询"，在弹出的"SQL查询"对话框中，选择参与查询的数据集为"RoadLine"，设置查询参数将校内车行道查询出来，保存为"QueryResult_RoadLine"数据集（图4-60和图4-61）。查询参数如下。

图4-60 SQL查询参数设置

图4-61 车行道

查询字段：RoadLine.*

查询条件：RoadLine.Type = "校内道路" AND RoadLine.RoadType = "车行道"

2) 高频车行道筛选

选择"空间分析"选项卡"矢量分析"组中的"叠加分析"，在弹出的"叠加分析"对话框中，算子选择"求交"，选择源数据的数据集为"QueryResult_RoadLine"，叠加数据的数据集为"QueryResult_Trajectory"，并在结果设置中点击"字段设置…"按钮，在弹出的"字段设置"对话框中，设置来自源数据的字段为"QueryResult_RoadLine"数据集的所有字段，设置来自叠加数据的字段为"QueryResult_Trajectory"数据集的value字段，得到与高频活动轨迹重合的校内车行道数据"IntersectResult_RoadLine"（图4-62）。

图4-62 叠加分析参数设置

3. 校车路线规划

根据校车路线长度控制要求，遵循"校车路线长度最短为宜"的原则，采用网络分析工具，结合实验提供的必设站点和上述步骤获得的高频活动轨迹的车行道路段，设计校车路线。

1）车行道路网构建

为保证构建的拓扑关系准确，通常在构建拓扑之前先对道路线数据进行拓扑错误检查和处理。在第二章实验中已经对实验数据进行了拓扑错误检查，因此本实验不再赘述，将直接对其进行拓扑构网。

选择"交通分析"选项卡"路网分析"组"拓扑构网"中的"构建二维网络"，在弹出的"构建二维网络数据集"对话框中，添加用于构网的校园车行道数据"QueryResult_RoadLine"，然后设置结果数据集名称为"RoadwayNetwork"，在打断设置中勾选"线线自动打断"，打断容限设置为"0.00000001"，点击"确定"按钮执行操作，获得车行道的网络数据集"RoadwayNetwork"（图 4-63 和图 4-64）。

图 4-63　构建二维网络数据集

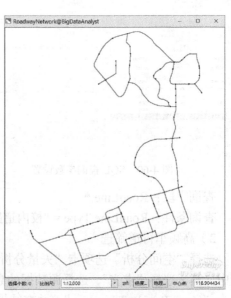

图 4-64　道路网络数据集

2）最佳路径分析

根据校车站点要求和校车路线长度控制要求，基于实验提供的校车站点数据进行最佳路径分析，获得经过必达站点的最短路径。

在工作空间管理器中，将车行道的网络数据集"RoadwayNetwork"添加到地图窗口显示，选择"交通分析"选项卡"路网分析"组中的"最佳路径"，在弹出的"实例管理"窗口中，右键点击"站点"→"导入"，设置数据集为"BusStopRequired"，名称字段为"Name"（图 4-65）。

在"实例管理"窗口中右键点击"茶苑"站点，在右键菜单中选择"设为起点"。将与高频活动轨迹重合的校内车行道数据"IntersectResult_

图 4-65　导入站点

RoadLine"添加到当前地图窗口并加粗显示，根据"IntersectResult_RoadLine"绘制添加关键站点，并根据发车方向要求，通过各个站点右键菜单中的"上移"或"下移"命令，按照自西向东，自南向北的方向，基于站点的相对空间位置，依次调整各个站点之间的顺序，右键点击"综合教学实验楼"站点，选择"设为终点"（图 4-66）。

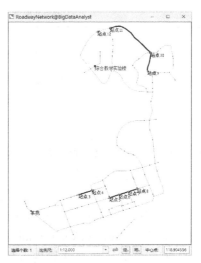

图 4-66　站点顺序调整

在"实例管理"窗口中点击"分析"按钮 ▶ 执行分析，分析得到经过必达站点和高频活动轨迹路段的最短路径结果（即"实例管理"窗口中的结果路由），并右键点击"结果路由"，选择"保存为数据集"功能，将分析结果保存为路由数据集"BusRoute"（图 4-67 和图 4-68）。

图 4-67　分析结果　　　　　　　　　　　图 4-68　分析结果保存

4. 实验结果

本实验最终成果为 BigDataAnalyst.udbx（数据下载路径：第四章\实验四\成果数据），具体内容如表 4-8 所示。

表 4-8　成果数据

数据名称	类型	描述
Trajectory	线数据集	校内手机用户活动轨迹数据
IntersectResult_RoadLine	线数据集	与高频活动轨迹重合的校内车行道数据
BusRoute	路由数据集	校车路线设计

　　综上，本实验的实验成果包括多条基于校内手机信令生成的手机用户活动轨迹数据、多条与高频活动轨迹重合的校内车行道数据，以及一条根据路线规划要求分析得到的校车路线数据。

五、思考与练习

　　（1）本实验以校内师生的高频活动轨迹为基础设计校车路线必经点，请思考除此之外还有什么方法可以获取校车路线必经点。

　　（2）假设校方计划调查校内各食堂的运营状况，请思考如何实现将 12:00～13:00、17:00～18:00 接待的师生数量统计出来并直观显示在校园地图上。

　　（3）请基于实验数据 BigDataAnalyst.udbx 中的手机信令数据"Points"制作反映两个不同时段（06:00～07:00 和 9:00～10:00）校内人员聚集与分布特征的热点图。

第五章　空间分析建模

实验一　日照分析模拟

一、实验场景

日照分析已成为城市发展规划、人居环境评价及"阳光权"法规实施保障的重要手段,广泛应用于土地评估与利用、建筑规划与设计及能源发展规划的各项决策。近年来,随着 GIS 空间分析能力及三维 GIS 的普及,越来越多的日照分析模型和相关软件依托 GIS 建立起来。日照分析涉及的日照时间计算、日照间距计算、阴影分析等问题,都可以通过运用 GIS 空间分析方法建立数学模型的方式,即空间分析建模加以解决。

开展基于空间分析方法和 GIS 软件的日照分析建模实验,将面临以下几个问题:①如何利用 GIS 软件处理自动化环境?②坡向如何分析,背光面怎样提取?③晕渲图生成和阴影处理有哪些关键点?④建立的模型如何进行检验?通过对这些问题的解决,读者不仅可以很好地掌握基于 GIS 软件的日照分析操作流程,也有利于培养以"明确问题、分解问题、组建模型、检验模型和应用分析结果"为主线的空间分析建模思维。

本实验以"校园建筑日照分析建模"为应用场景,以校园建筑矢量面数据为基础,运用空间分析建模方法构建基于 GIS 的日照分析模型,并将其应用于校园所有建筑,以评估校园建筑是否满足日照标准(国家规定日照标准为:一个建筑底层至少要满足在冬至日 12:00~14:00 能接收到太阳照射)。

二、实验目标与内容

1. 实验目标与要求

(1)强化对空间分析建模的理解。

(2)掌握矢栅转换、坡向分析、空间查询的方法。

(3)结合实际,掌握利用建模思想解决复杂 GIS 任务的能力。

2. 实验内容

(1)矢栅转换。

(2)坡向分析。

(3)代数运算。

(4)空间查询。

三、实验数据与思路

1. 实验数据

本实验数据采用 SolarAnalysis.udbx、太阳方位角和太阳高度角信息表(数据下载路径:第五章\实验一\实验数据),具体使用的数据明细如表 5-1 所示。

表 5-1　数据明细

数据名称	类型	描述
All_Building	面	校园建筑物面数据
太阳方位角和太阳高度角信息表	Excel 表格	校园区域冬至日太阳方位角和太阳高度角信息

2. 思路与方法

为城市建筑日照分析构建 GIS 模型主要通过建立概念模型、形成图解模型、组建和验证模型三个过程实现。

1）建立概念模型

（1）问题的提出：最初日照分析采用的是手工绘制日影图和建筑物间距系数的方法，随着数字城市的建设，在大量城市建筑物数据的支持下，应用 GIS 空间分析方法进行日照分析可使数据更加精确。

（2）问题分析：①问题的抽象和简化，模拟规定时间段内的建筑物阴影范围以及遮挡情况。②前提和假设，提取在冬至日 12:00～14:00 的日照情况。太阳光按照平行光源处理。③涉及的参数和变量：栅格化的建筑物、太阳高度角和太阳方位角、建筑物背光面轮廓、建筑物阴影。④数据类型的转换：GIS 阴影提取基于栅格数据，因此需要将建筑物矢量面转换为栅格数据。

（3）问题对应的数据：校园建筑物矢量面数据。

2）形成图解模型

要提取太阳在规定时间段内的建筑物阴影，就必须获得建筑物的高度。首先，将矢量建筑物数据转换为栅格，栅格值为高度。其次，因为建筑物有一定宽度，所以提取规定时间段内建筑物背光面轮廓，并生成晕渲图，即阴影数据。最后，将阴影栅格数据转换为矢量数据，利用"空间查询"，通过分析阴影与建筑物的空间叠加关系，找出不符合日照标准的建筑物。

判断 12:00～14:00 建筑物遮挡情况，需要逐时刻模拟太阳日照，为了简便起见，实验只计算 12:00、13:00、14:00 的日照情况，近似模拟该时间段内的阴影范围。

日照分析图解模型如图 5-1 所示。

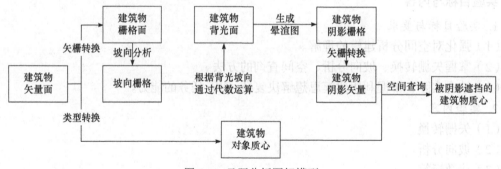

图 5-1　日照分析图解模型

3）组建和验证模型

利用 GIS 软件的"处理自动化"工具，调用"矢栅转换""坡向分析""代数运算""三维晕渲图"分析方法，组建日照分析 GIS 模型，并设置模型参数，提取建筑物阴影数据，并通过"空间查询"找出不符合日照标准的建筑物。

四、实验步骤

1. 组建模型

1）放置空间处理工具

（1）模型窗口的创建。在 SuperMap iDesktopX 中打开数据源 SolarAnalysis.udbx。在工作空间管理器窗口中点击"模型"节点，右键菜单中选择"新建处理自动化模型"，新建一个模型窗口，在右侧弹出的"工具箱"中集成了一系列地理数据处理、分析工具。

（2）空间数据处理和分析工具的添加。选择"工具箱"中的工具，依次加入模型窗口中。它们分别为："栅格分析"→"矢栅转换"→"矢量栅格化"工具；"栅格分析"→"表面分析"→"地形计算"→"坡向分析"工具；"数据处理"→"栅格代数运算"→"代数运算"工具；"栅格分析"→"表面分析"→"地形计算"→"三维晕渲图"工具；"数据处理"→"栅格"→"重分级"工具；"栅格分析"→"矢栅转换"→"栅格矢量化"工具，如图 5-2 所示。工具是模型的基本构建要素，一个工具包括工具节点和变量节点，圆角矩形内为工具节点，椭圆形内为变量节点。工具节点表示参数设置的主体，可在其中设置源数据参数、功能参数、结果参数；变量节点既可以表示当前工具的结果数据，也可以作为下一个工具的源数据。

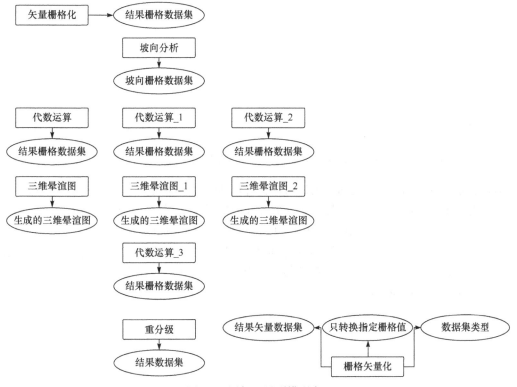

图 5-2　添加工具到模型窗口

2）设置连接关系和建模参数

连接是指在模型中的工具之间建立逻辑和参数关系，在模型窗口中选中一个变量节点出现"连接"光标，按照数据流的先后顺序连接相应工具，同时分别对各个工具进行参数设置。

（1）将校园建筑物矢量面数据转化为栅格数据。在模型窗口中右键点击"矢量栅格化"工具节点并选择"参数设置"，在其"参数设置"面板中，源数据的数据集选择"All_Building"，栅格值字段选择"Height"，像素格式选择"32 位"，空白区域值设置为"0"，并将结果数据中的数据集命名为"Building_Raster"，如图 5-3 所示。

（2）根据太阳方位角和太阳高度角信息计算背光坡向。查看"太阳方位角和太阳高度角信息表.xlsx"，获取冬至日 12:00、13:00、14:00 三个时间点的太阳方位角和太阳高度角，如图 5-4 所示。

图 5-3　矢量栅格化参数设置

时间	方位角/(°)	高度角/(°)
12:00	179	35
13:00	196	33
14:00	210	28

图 5-4　太阳方位角和太阳高度角信息

假设在 t_0 时刻太阳方位角为 A，则建筑物在 t_0 时刻的背光面坡向（单位：度）在 $[0, A-90]$，以及 $[A+90, 360]$。例如，12:00 时太阳方位角 $A=179°$，背光坡向（单位：度）则为 $[0, 89]$，以及 $[269, 360]$。依此类推，可得到 13:00 和 14:00 的背光坡向，如图 5-5 所示。

（3）坡向分析。连接要素，以"矢量栅格化-结果栅格数据集"作为坡向分析的源数据。点击"坡向分析"工具节点，在其"参数设置"面板中，将结果数据的数据集命名为"AspectResult"，如图 5-6 所示。

时间	方位角/(°)	高度角/(°)	背光坡向1/(°)	背光坡向2/(°)
12:00	179	35	0~89	269~360
13:00	196	33	0~106	286~360
14:00	210	28	0~120	300~360

图 5-5　各时间点背光坡向

图 5-6　坡向分析

（4）分别提取各时间点建筑物的背光面。连接要素，以"矢量栅格化-结果栅格数据集"和"坡向分析-坡向栅格数据集"作为"代数运算"的前提条件。点击"代数运算"工具节点，在其"参数设置"面板中，点击"设置运算表达式"，根据 12:00 时刻的背光坡向，将表达式设置为"Con((([坡向分析-坡向栅格数据集] >=0 &[坡向分析-坡向栅格数据集] <=89) | ([坡向分析-坡向栅格数据集] >=269 &[坡向分析-坡向栅格数据集] <=360)),[矢量栅格化-结

果栅格数据集],0)"，结果数据的数据集命名为"backlight_12"，如图 5-7 所示。

同样地，点击"代数运算_1"工具节点，在其"参数设置"面板中，点击"设置运算表达式"，根据 13:00 时刻的背光坡向，将表达式设置为"Con((([坡向分析-坡向栅格数据集] >=0 &[坡向分析-坡向栅格数据集] <=106) | ([坡向分析-坡向栅格数据集] >=286 &[坡向分析-坡向栅格数据集] <=360)),[矢量栅格化-结果栅格数据集],0)"，结果数据的数据集命名为"backlight_13"，如图 5-8 所示。

点击"代数运算_2"工具节点，在其"参数设置"面板中，点击"设置运算表达式"，根据 14:00 时刻的背光坡向，将表达式设置为"Con((([坡向分析-坡向栅格数据集] >=0 &[坡向分析-坡向栅格数据集] <=120) | ([坡向分析-坡向栅格数据集] >=300 &[坡向分析-坡向栅格数据集] <=360)),[矢量栅格化-结果栅格数据集],0)"，结果数据的数据集命名为"backlight_14"，如图 5-9 所示。

图 5-7　backlight_12 参数设置

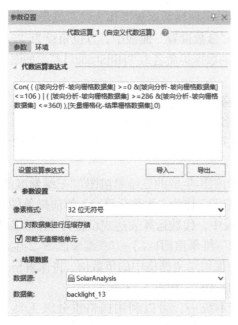

图 5-8　backlight_13 参数设置

图 5-9　backlight_14 参数设置

（5）生成晕渲图。根据三个时间点计算得到的背光面生成阴影，分析哪些建筑物被阴影遮挡，即为不符合国家规定日照标准的建筑物。

连接要素，以 12:00 时刻背光面"代数运算-结果栅格数据集"作为"三维晕渲图"的源数据。点击"三维晕渲图"工具节点，在其"参数设置"面板中，方位角设为"179"，高度角设为"35"，阴影模式选择"阴影"，即只考虑当前区域是否位于阴影中，结果数据的数据集命名为"HillShade_12"，如图 5-10 所示。

同样地，连接要素，以 13:00 时刻背光面"代数运算_1-结果栅格数据集"作为"三维晕渲图_1"的源数据。点击"三维晕渲图_1"工具节点，在其"参数设置"面板中，方位角设为"196"，高度角设为"33"，阴影模式选择"阴影"，结果数据的数据集命名为"HillShade_13"，如图 5-11 所示。

图 5-10 HillShade_12 参数设置   图 5-11 HillShade_13 参数设置

连接要素，以 14:00 时刻背光面"代数运算_2-结果栅格数据集"作为"三维晕渲图_2"的源数据。点击"三维晕渲图_2"工具节点，在其"参数设置"面板中，方位角设为"210"，高度角设为"28"，阴影模式选择"阴影"，结果数据的数据集命名为"HillShade_14"，如图 5-12 所示。

（6）阴影累加。各时刻阴影计算结果的原始栅格值为 0，非阴影栅格值为 1。为了便于阴影叠加累计时区别阴影区域，使用栅格代数运算将各时刻的阴影栅格值减 1 之后再相加，使建筑物阴影范围取值为 0,–1,–2,–3。这样可以认为凡是值小于 0 的地方，都是建筑物在 12:00～14:00 时刻内有遮挡的地方。

连接要素，以三个时刻的阴影计算结果"三维晕渲图-生成的三维晕渲图""三维晕渲图_1-生成的三维晕渲图""三维晕渲图_2-生成的三维晕渲图"作为"代数运算_3"的前提条件。点击"代数运算_3"工具节点，在其"参数设置"面板中，代数运算表达式设置为"（[三维晕渲图-生成的三维晕渲图] -1）+（[三维晕渲图_1-生成的三维晕渲图] -1）+（[三维晕渲图_2-生成的三维晕渲图] -1）"，由于结果栅格值中会有负数，为保留结果栅格中的负数值，将像素格式设置为"32 位"，结果数据的数据集命名为"HillShade_all"，如图 5-13 所示。

（7）栅格重分级。由于累加后，阴影区数值不统一，可以利用栅格重分级工具，将"HillShade_all"分类成"阴影栅格"（值为–1）与"非阴影栅格"（值为 0）两类。

连接要素，以阴影累加结果"代数运算_3-结果栅格数据集"作为"重分级"的源数据。在其"参数设置"面板中，点击⚙将级数设置为"2"；第一级段值下限设置为"–4"，段值上限设置为"–1"；第二级段值下限分别设置为"–1"，段值上限设置为"0"；目标值分别设置为"–1"和"0"，即将所有时刻的阴影分为一类，目标值设为–1；非阴影分为另一类，目

图 5-12　HillShade_14 参数设置

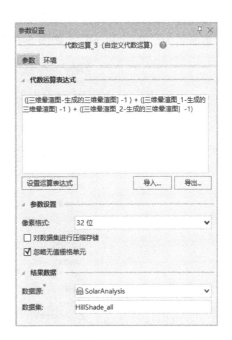

图 5-13　阴影累加参数设置

标值设为 0。因为–1 也属于阴影范围，所以范围区间选择"左开右闭"，结果数据的数据集命名为"HillShade_Reclass"，如图 5-14 所示。

图 5-14　重分级参数设置

（8）矢栅转换。由于需要通过矢量包含关系来判断建筑物与阴影的遮挡关系，此时利用栅格矢量化工具将阴影栅格转为面数据。

连接要素，将阴影重分级结果"重分级-结果数据集"作为"栅格矢量化"的源数据，在其"参数设置"面板中，勾选"只转换指定栅格值"（即栅格值为–1 的阴影区域），结果数据的数据集命名为"shadow_all"，如图 5-15 所示。最终生成的模型如图 5-16 所示。

图 5-15　栅格矢量化

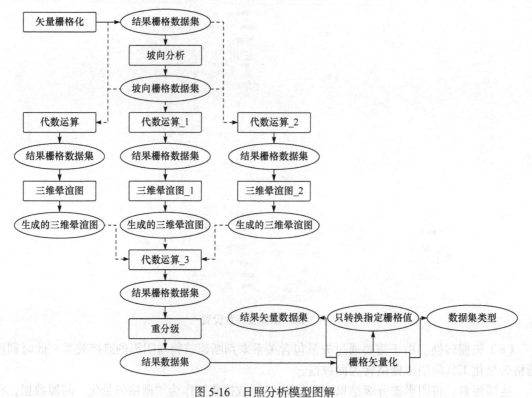

图 5-16　日照分析模型图解

2. 检查模型结果

1）模型检查

在菜单栏中找到"检查"按钮🔍，检查创建的工作流程是否存在错误。

2）运行与使用模型

经过模型检查并对模型结果满意后，在菜单栏中找到"执行"按钮▶。执行模型过程中生成的结果数据如图 5-17～图 5-27 所示。

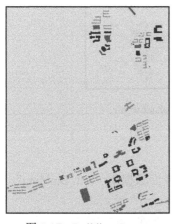

图 5-17　Building_Raster

图 5-18　AspectResult

图 5-19　backlight_12

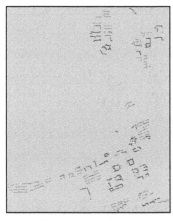

图 5-20　backlight_13

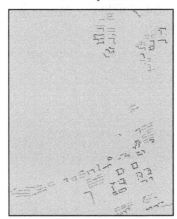

图 5-21　backlight_14

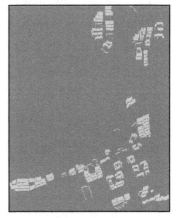

图 5-22　HillShade_12

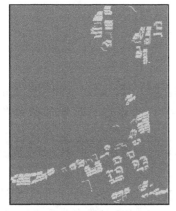

图 5-23　HillShade_13

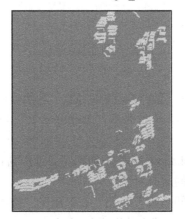

图 5-24　HillShade_14

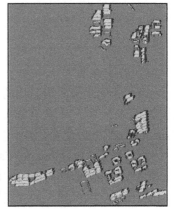

图 5-25　HillShade_all

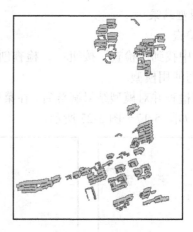

图 5-26　HillShade_Reclass　　　　　　图 5-27　shadow_all

3. 查询建筑物与阴影的遮挡情况

1）提取建筑物质心

为了分析建筑物与阴影的遮挡关系，首先将校园建筑物矢量面数据集"All_Building"中的每个对象的质心提取出来生成一个新的点数据集。

点击"数据"→"类型转换"→"面数据->点数据"按钮。在弹出的"面数据->点数据"对话框中，源数据的数据集选择"All_Building"，结果数据的数据集命名为"Building_P"，点击"转换"按钮 ⊙，如图 5-28 所示。

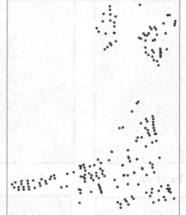

图 5-28　提取质心

2）空间查询

为了查询出被阴影遮挡的建筑物对应的点对象，利用空间查询工具，通过空间位置关系构建过滤条件，对建筑物质心点数据集"Building_P"与各个时刻的阴影累加数据集"shadow_all"进行空间查询。

将数据集"Building_P""shadow_all"添加到同一地图窗口中，选择用于进行空间查询的搜索对象，即当前地图窗口中的所有对象。

点击"空间分析"→"空间查询"按钮。在弹出的"空间查询"对话框中，查询类型选择"空间查询"，待查询图层勾选"Building_P@SolarAnalysis"，空间查询模式选择"相交_

面点"，查询图层选择"shadow_all@SolarAnalysis"。勾选"浏览属性表"和"地图中高亮"，并勾选"保存查询结果"，结果数据集命名为"Building_P_QueryResult"，点击"查询"按钮，如图 5-29 和图 5-30 所示。

图 5-29　添加到同一地图窗口中显示

图 5-30　空间查询参数设置

查询结果得到满足过滤条件的对象，如图 5-31 所示。

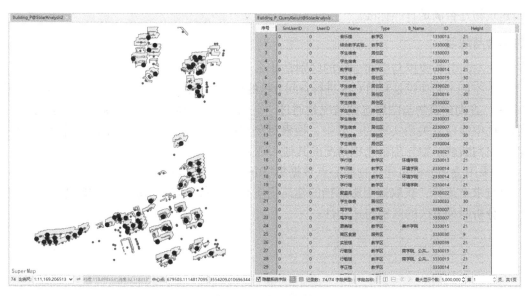

图 5-31　空间查询结果

保存模型命名为"日照分析"，保存工作空间命名为"SolarAnalysis"。

4. 实验结果

本实验最终成果为 SolarAnalysis.smwu（数据下载路径：第五章\实验一\成果数据），具体内容如表 5-2 所示。

表 5-2   成果数据

数据名称	类型	描述
Building_Raster	栅格	校园建筑物栅格数据
AspectResult	栅格	坡向数据
backlight_12	栅格	冬至日 12:00 校园建筑物背光面
backlight_13	栅格	冬至日 13:00 校园建筑物背光面
backlight_14	栅格	冬至日 14:00 校园建筑物背光面
HillShade_12	栅格	冬至日 12:00 阴影区域
HillShade_13	栅格	冬至日 13:00 阴影区域
HillShade_14	栅格	冬至日 14:00 阴影区域
HillShade_all	栅格	3 个时刻的阴影栅格累加
HillShade_Reclass	栅格	阴影重分级结果数据
shadow_all	面	阴影区域矢量面数据
Building_P	点	校园建筑物质心点数据
Building_P_QueryResult	点	被阴影遮挡的校园建筑物点数据
日照分析	模型	实验区域日照分析自动化处理模型

综上，本实验的实验成果为查询得到的被阴影遮挡的校园建筑物点数据，用以评估当前校园建筑物是否满足日照标准。

五、思考与练习

（1）空间分析建模与空间分析的区别是什么。

（2）空间分析建模是利用 GIS 进行空间分析的重要手段，试简要说明空间分析模型的分类。

（3）查询建筑物与阴影遮挡情况是通过"空间查询"功能，利用建筑物质心点与各个时刻阴影的空间位置关系实现的。其中，搜索对象与被搜索图层的设置需要满足什么条件？你能否想出判断建筑物与阴影遮挡情况的其他实现方式？

（4）采用叠加分析对建筑物质心点数据集"Building_P"与各个时刻的阴影数据集"shadow_all"进行求交运算，获取被阴影遮挡的建筑物质心点对象，并与实验中的空间查询结果进行对比，分析两种方法的区别与适用性。

实验二　校园快递服务站选址

一、实验场景

随着互联网经济的繁荣和电子商务的成熟，我国网络购物的用户数量高速增长，进而带动了快递行业的发展。因为高等院校人员高度集中，所以高等院校校园逐渐成为快递包裹集中分配的重要场所之一。校园快递服务站进行集中收发，统一管理，可以有效配置资源。服务站选址既要满足师生的实际需要，又应兼顾校内环境规划，形成合理且科学的布局规划。利用 GIS 软件，基于处理自动化建模方法开展校园快递服务站选址工作，能很好地整合不同来源的数据，集成专业模型，发挥 GIS 在空间分析和可视化方面的优势。

开展基于空间分析方法和 GIS 软件的校园快递站选址分析建模实验，将面临以下几个关键问题：①快递服务站选址影响因子如何选择？影响范围如何确定？②选址模拟过程需要哪些数据？数据如何处理？模型如何集成？③GIS 平台软件如何通过图解建模的方式实现快递服务站选址模拟过程？

本实验以"校园快递服务站选址"为应用场景，基于校园 DEM 数据、建筑物和水域面数据、道路线数据，通过 GIS 平台软件中的"处理自动化"工具，设计、检验和运行模型，以找出校园中适宜建设快递服务站的区域。

二、实验目标与内容

1. 实验目标与要求

（1）强化对建立处理自动化模型的理解。

（2）掌握坡度分析、代数运算、矢栅转换、SQL 查询、缓冲区分析、叠加分析方法。

（3）结合实际，掌握利用建模思想解决复杂 GIS 问题的能力。

2. 实验内容

（1）坡度分析。

（2）栅格代数运算。

（3）矢栅转换。

（4）SQL 查询。

（5）缓冲区分析。

（6）叠加分析。

三、实验数据与思路

1. 实验数据

本实验采用 express.udbx（数据下载路径：第五章\实验二\实验数据），具体使用的数据明细如表 5-3 所示。

表 5-3　数据明细

数据名称	类型	描述
DEM	栅格数据集	校园地形数据
All_Building	面数据集	校园建筑物面数据

续表

数据名称	类型	描述
RoadLine	线数据集	校园道路线数据
Water	面数据集	校园水域面数据

2. 思路与方法

校园快递服务站选址分析构建 GIS 模型主要通过建立概念模型、形成图解模型、组建和验证模型三个过程实现。

1）建立概念模型

（1）问题的提出。随着我国快递行业的飞速发展，在人员高度集中的高等院校中如何科学规划布局校园快递服务站的位置是亟待解决的问题。借助 GIS 自身的技术优势，综合多项选址影响因子，建立"处理自动化"模型来确定校园快递服务站选址区域的效率更高，结果更准确。

（2）问题分析：①基于校园 DEM 数据找到校园中坡度小于 5°的区域；②基于建筑物面数据，分别找到教学楼和宿舍楼，并分别确定教学楼 300m 缓冲区和宿舍楼 200m 缓冲区；③基于道路线数据和宽度确定道路面数据，并基于道路面数据确定道路 10m 缓冲区；④找到校园中坡度小于 5°，距离教学楼 300m、宿舍楼 200m 和道路 10m 内的相交区域；⑤因为不能在水域上建立服务站，所以要在相交区域中去除校园水域面，找到最终选址区域。

（3）问题对应的数据：校园数字高程模型、建筑物和水域面数据集、道路线数据集。

2）形成图解模型

校园快递服务站选址流程如图 5-32 所示。

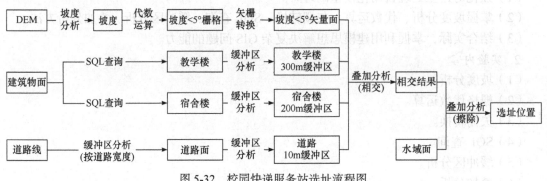

图 5-32　校园快递服务站选址流程图

3）组建和验证模型

利用 GIS 软件的"处理自动化"工具，调用"坡度分析""代数运算""矢栅转换""SQL查询""缓冲区分析""叠加分析"等分析方法，组建校园快递服务站选址 GIS 模型，并设置模型参数，获取校园中适宜建设快递服务站的区域。

四、实验步骤

1. 组建模型

1）放置空间处理工具

（1）模型窗口的创建。在 SuperMap iDesktopX 中打开数据源 express.udbx。在工作空间管理器窗口中点击"模型"节点，在右键菜单中选择"新建处理自动化模型"，新建一个模型窗口，右侧弹出的"工具箱"中集成了一系列地理数据处理、分析工具。

（2）空间数据处理和分析工具的添加。选择"工具箱"中的工具，依次加入到模型窗口中。它们分别为："栅格分析"→"表面分析"→"地形计算"→"坡度分析"工具；"数据处理"→"栅格代数运算"→"代数运算"工具；"栅格分析"→"矢栅转换"→"栅格矢量化"工具；"查询"→"SQL 查询"工具；"矢量分析"→"缓冲区分析"→"缓冲区"工具；"矢量分析"→"叠加分析"→"相交（多图层）"工具；"矢量分析"→"叠加分析"→"擦除"工具，如图 5-33 所示。

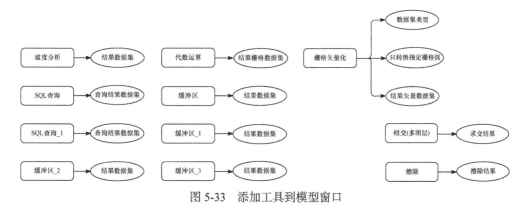

图 5-33 添加工具到模型窗口

2）设置连接关系和建模参数

在模型窗口中选中一个变量节点出现"连接"光标，按照数据流的先后顺序连接相应工具，同时分别对各个工具进行参数设置。

（1）提取校园坡度数据。在模型窗口中右键点击"坡度分析"工具节点并选择"参数设置"，在其"参数设置"面板中，源数据的数据集选择"DEM"，坡度单位类型选择"角度"，高程缩放倍数为"1"，结果数据的数据集命名为"坡度"，如图 5-34 所示。

（2）提取坡度值小于 5°的栅格。在模型窗口中连接要素，以"坡度分析-结果数据集"作为代数运算的前提条件。双击"代数运算"工具节点，在其"参数设置"面板中点击"设置运算表达式"按钮，在弹出的"栅格代数运算表达式"窗口中设置表达式为"[坡度分析-结果数据集]<5"，设置好后点击"确定"按钮，如图 5-35 所示；回到"代数运算"工具的"参数设

图 5-34 坡度分析参数设置

图 5-35 设置栅格代数运算表达式

置"面板中,勾选"忽略无值栅格单元"复选框,将结果数据的数据集命名为"平坦栅格",如图 5-36 所示。得到的平坦栅格数据集中栅格值为"1"的区域即为坡度小于 5°的区域。

（3）将坡度小于 5°的栅格数据集转化为矢量面数据集。在模型窗口中连接要素,以"代数运算-结果栅格数据集"作为栅格矢量化的源数据。双击"栅格矢量化"工具,在其"参数设置"面板中勾选"只转换指定栅格值"并设置栅格值为"1",将结果数据的数据集命名为"平坦面",如图 5-37 所示。

　　图 5-36　代数运算参数设置　　　　　　　图 5-37　栅格矢量化参数设置

（4）分别查询找出教学楼和宿舍楼。在模型窗口中双击"SQL 查询"工具,在其"参数设置"面板中将源数据的数据集设置为"All_Building",点击查询字段栏下方的"SQL 表达式…"按钮,在弹出的"SQL 表达式"窗口中设置查询字段为"*",使结果中保留所有字段;点击查询条件栏下方的"SQL 表达式…"按钮,在弹出的"SQL 表达式"窗口中设置查询条件为"All_Building.Type ='教学区'",将结果数据的数据集命名为"教学楼",如图 5-38 所示。在模型窗口双击"SQL 查询_1"工具,在其"参数设置"面板中源数据的数据集选择"All_Building",以同样的方式将查询字段设置为"*",查询条件设置为"All_Building.Type ='居住区'",将结果数据的数据集命名为"宿舍楼",如图 5-39 所示。

（5）分别得到教学楼 300m 缓冲区和宿舍楼 200m 缓冲区。连接要素,以"SQL 查询-查询结果数据集"作为"缓冲区"工具的源数据,双击"缓冲区"工具节点,在其"参数设置"面板中,设置缓冲半径为"圆头缓冲",勾选"左缓冲"和"右缓冲"复选框,设置长度为"300",单位为"米",勾选"合并缓冲区"复选框,将结果数据的数据集命名为"教学楼 300m",如图 5-40 所示。以同样的方式,以"SQL 查询_1-查询结果数据集"作为"缓冲区_1"工具的源数据,双击"缓冲区_1"工具节点,在其"参数设置"面板中,设置缓冲半径为"圆头缓冲",

图 5-38 查询得到教学楼

图 5-39 查询得到宿舍楼

勾选"左缓冲"和"右缓冲"复选框,设置长度为"200",单位为"米",勾选"合并缓冲区"复选框,将结果数据的数据集命名为"宿舍楼 200m",如图 5-41 所示。

图 5-40 教学楼 300m 缓冲区参数设置   图 5-41 宿舍楼 200m 缓冲区参数设置

（6）得到道路 10m 缓冲区。首先基于带有道路左右宽度属性字段的道路线数据得到道路面数据，在模型窗口中双击"缓冲区_2"工具节点，在其"参数设置"面板中，源数据的数据集选择"RoadLine"，缓冲半径选择"平头缓冲"并勾选"左缓冲"和"右缓冲"复选框，左半径选择"道路左宽度"，右半径选择"道路右宽度"，单位设置为"米"，勾选"合并缓冲区"复选框，将结果数据的数据集命名为"道路面"，如图 5-42 所示。其次，基于道路面数据获取道路 10m 缓冲区，连接要素，以"缓冲区_2-结果数据集"作为"缓冲区_3"工具的源数据，双击"缓冲区_3"工具，在其"参数设置"面板中缓冲半径设置为"圆头缓冲"，勾选"左缓冲"和"右缓冲"复选框，设置长度为"10"，单位为"米"，勾选"合并缓冲区"复选框，将结果数据的数据集命名为"道路 10m"，如图 5-43 所示。

图 5-42　道路面获取

图 5-43　道路 10m 缓冲区参数设置

（7）找到校园中坡度小于 5°，并且距离教学楼 300m、宿舍楼 200m、道路 10m 内的区域。在模型窗口中连接要素，以"栅格矢量化-结果矢量数据集""缓冲区-结果数据集""缓冲区_1-结果数据集""缓冲区_2-结果数据集"作为"相交（多图层）"工具的前提条件。双击"相交（多图层）"工具，在其"参数设置"面板中将结果数据的数据集命名为"相交区域"，如图 5-44 所示。

（8）找出相交区域中不包括水域的区域。在模型窗口中连接要素，以"相交（多图层）-求交结果"作为"擦除"工具的源数据，双击"擦除"工具节点，在其"参数设置"面板中，叠加数据的数据集设置为"Water"，结果数据的数据集命名为"选址结果"，如图 5-45 所示。最终生成的模型如图 5-46 所示。

2. 检验模型结果

1）检查模型

在菜单栏中找到"检查"按钮，检查创建的工作流程是否存在错误。

2）运行与使用模型

经过模型检查并对模型结果满意后，在菜单栏中找到"执行"按钮，实现对校园快递服务站选址区域的获取。执行模型过程中生成的结果数据如图 5-47～图 5-57 所示。

图 5-44 确定相交区域

图 5-45 擦除设置

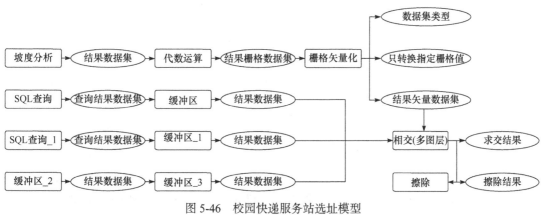
图 5-46 校园快递服务站选址模型

图 5-47 坡度栅格　　　　　图 5-48 平坦栅格　　　　　图 5-49 平坦面

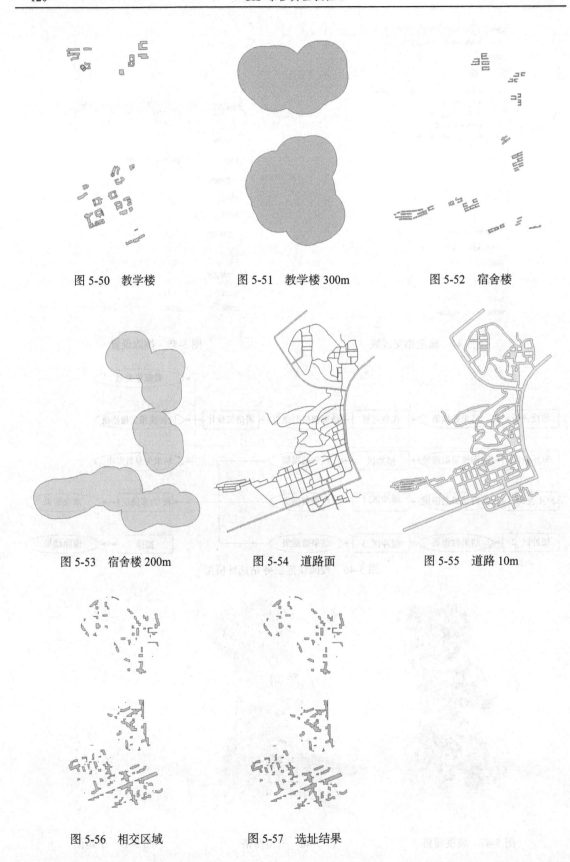

图 5-50　教学楼　　　　　图 5-51　教学楼 300m　　　　图 5-52　宿舍楼

图 5-53　宿舍楼 200m　　　图 5-54　道路面　　　　　图 5-55　道路 10m

图 5-56　相交区域　　　　图 5-57　选址结果

3. 实验结果

本实验最终成果为 express.smwu（数据下载路径：第五章\实验二\成果数据），具体内容如表 5-4 所示。

表 5-4　成果数据

数据名称	类型	描述
坡度栅格	栅格数据集	校园坡度数据
平坦栅格	栅格数据集	校园中坡度小于 5° 的栅格
平坦面	面数据集	校园中坡度小于 5° 的矢量面
教学楼	面数据集	校园教学楼面数据
教学楼 300m	面数据集	校园教学楼 300m 缓冲区范围
宿舍楼	面数据集	校园宿舍楼面数据
宿舍楼 200m	面数据集	校园宿舍楼 200m 缓冲区范围
道路面	面数据集	校园道路面数据
道路 10m	面数据集	校园道路 10m 缓冲区范围
相交区域	面数据集	校园中坡度小于 5°，距离教学楼 300m、宿舍楼 200m、道路 10m 内的区域
选址结果	面数据集	校园快递服务站选址区域

综上，本实验成果中选址结果数据为考虑地形坡度平缓，距离教学楼、宿舍楼、主要道路均在合理距离内，并去除不适宜水域面的校园快递服务站选址区域。选址结果可为在校园中规划建设集中式快递服务站提供参考。

五、思考与练习

（1）请简述空间分析建模过程的基本步骤。

（2）请举一个过程模型的例子，并说明该模型如何通过 GIS 来构建。

第六章 电子地图制图

实验一 普通电子地图制作

一、实验场景

普通电子地图表示制图区域内自然要素和人文要素的一般特征，以水系、居民地、交通、地貌、土质植被、境界等要素为制图对象。它不偏重于某些要素，而是采用相对平衡的程度提供这一制图区域内全面、综合性的资料。

在地图制图工作中常常会遇到如下问题：获取哪些空间数据，如何处理这些数据，以使其成为可靠的制图数据源；点、线、面等不同几何类型地物的可视化表达有哪些科学的表达方法，符号如何选取，注记怎样制作，如何优化地图显示效果等。

本实验以"校园普通电子地图制作"为应用场景，围绕普通电子地图制作的关键问题，基于校园基础地理信息数据，利用 GIS 软件中相应的数据处理工具、数据可视化表达工具，开展包含数据处理、地图制作、显示优化等在内的普通电子地图制图实验。

二、实验目标与内容

1. 实验目标与要求

（1）强化普通电子地图制作的原理及方法。

（2）熟练掌握数据处理、数据可视化表达、数据注记的制作等操作。

（3）具备利用 GIS 软件开展普通电子地图制作的能力。

2. 实验内容

（1）数据获取与处理。

（2）地图的制作，包括数据添加、数据的可视化表达以及数据的注记制作。

（3）地图显示优化，包括显示比例尺的设计、显示效果的优化。

三、实验数据与思路

1. 实验数据

本实验数据采用 Campus.smwu 和 Campus.udbx（数据下载路径：第六章\实验一\实验数据），包括校园建筑物、道路、草地等校园公共设施空间数据，如表 6-1 所示。

表 6-1 数据明细

数据集名称	类型	描述
POIs	点数据集	校园设施点数据集，包括医院、超市等设施的点数据集
RoadLine	线数据集	道路线数据集，包含校内道路和校外道路的线数据集
ActivityArea	面数据集	活动区数据集，包括球场、广场和运动场等活动场所的面数据集
LivingArea	面数据集	住宿区数据集，包括学生宿舍、教师宿舍和宾馆等建筑物的面数据集
TeachingArea	面数据集	教学楼数据集，包括各院系教学楼、实验楼、行政楼的面数据集
ServiceArea	面数据集	服务区数据集，包括食堂、浴室和图书馆等建筑物的面数据集
OtherBuilding	面数据集	其他建筑物面数据集

续表

数据集名称	类型	描述
Grass	面数据集	草地面数据集
Wood	面数据集	林地面数据集
Water	面数据集	水域面数据集
Ground	面数据集	校园区域面数据集

2. 思路与方法

基于校园公共设施空间数据，制作普通电子地图，主要通过数据准备、地图制作、地图显示优化三个关键步骤实现。

（1）数据准备。分析普通电子地图需要呈现的地理要素与类型，利用 GIS 软件对原始空间数据进行数据处理，获得制图数据。本实验基于道路线数据的道路宽度属性，利用 GIS 软件的"缓冲区分析"功能，对道路线数据进行处理，生成能够表达道路宽度的道路面数据。

（2）地图制作。利用符号化、注记标注实现空间数据可视化表达。首先，利用 GIS 软件的"单值专题图""图层风格"等功能实现对数据的符号化表达，例如，对"TeachingArea"数据，可采用"图层风格"的方法对所有教学楼设置统一填充颜色和符号；对"ActivityArea"数据，可通过 GIS 软件的"单值专题图"功能，根据"ActivityArea"的 Type 字段对各种类型的活动区数据设置不同填充风格。其次，利用 GIS 软件的"标签专题图"和"文本数据集"功能实现注记的制作，例如，对校园道路名称的标注，基于"RoadLine"数据集，利用 GIS 软件"标签专题图"的"沿线注记"的方法添加注记；对校园分区的名称注记，利用 GIS 软件"文本数据集""添加文本注记"的方法实现。

（3）地图显示优化。利用 GIS 软件的"比例尺控制""反走样"等功能，实现地图要素按不同比例尺的分级显示以及显示效果的优化。

各类校园公共设施空间数据的可视化表达方法如表 6-2 所示。制作普通电子地图的流程如图 6-1 所示。

图 6-1　普通电子地图制作流程图

表 6-2　各类校园公共设施空间数据的可视化表达方法

数据集名称	表达内容	主要使用方法
POIs	分别用不同符号表达教学楼、操场、图书馆、医院等校园 POI 点	显示风格：单值专题图
RoadLine	表达具有一定宽度的道路，显示道路名称	显示风格：缓冲区分析、单值专题图 注记：标签专题图
ActivityArea	用合适的颜色表示校园活动区数据，包括球场、广场和运动场等	显示风格：单值专题图
LivingArea	用合适的颜色表示住宿区数据，包括学生宿舍、教师宿舍和宾馆等	显示风格：图层风格设置

数据集名称	表达内容	主要使用方法
TeachingArea	用合适的颜色表示教学楼数据，包括各院系教学楼、实验楼、行政楼	显示风格：图层风格设置
ServiceArea	用合适的颜色表示服务区数据，包括食堂、浴室和图书馆等	显示风格：单值专题图
OtherBuilding	用合适的颜色表示其他建筑物面数据	显示风格：图层风格设置
Grass	用合适的颜色表示草地面数据	显示风格：图层风格设置
Wood	用合适的颜色表示林地面数据	显示风格：图层风格设置
Water	用合适的颜色表示水域面数据	显示风格：图层风格设置
Ground	用合适的颜色表示空地数据	显示风格：图层风格设置

四、实验步骤

1. 数据准备

1）数据获取

以制作校园概貌地图为基础，先确定校园地图需要包含哪些地物要素，再以这些地物要素确定需要获取哪些数据。本实验通过校园建筑物、道路、草地、水域、活动区等地物要素来表达校园基础概貌，通过外业采集与内业处理的方法获取各类地物要素的点、线、面矢量数据，详细步骤参考第一章。

2）道路线数据处理

（1）生成道路缓冲区。在"空间分析"菜单的"矢量分析"组中，点击"缓冲区"按钮的下拉选项卡，选择"缓冲区"，在弹出的"生成缓冲区"对话框中，设置缓冲数据的数据集为"RoadLine"，勾选"合并缓冲区"，将半圆弧线段数设置为"10"，选择缓冲类型为"平头缓冲"，缓冲半径为"字段型"：左半径和右半径都设置为"width/2"，其他参数采用默认值，点击"确定"按钮，执行分析，获得数据集"Buffer"，并自动加载到地图窗口中显示，如图 6-2 所示。

图 6-2　缓冲区分析

（2）道路缓冲区缝隙量算。在"地图"菜单的"操作"组中，点击"地图量算"按钮。在地图窗口中，找到道路缓冲区对象上的缝隙，单击左键绘制起点、终点，获得缝隙距离（小于 1m），如图 6-3 所示。该缝隙距离可为道路缓冲区缝隙处理，设置融合容限参数提供参考依据。

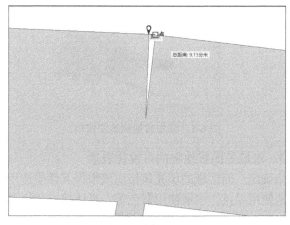

图 6-3 地图量算

（3）道路缓冲区缝隙处理。在"数据"菜单的"数据处理"组中，点击"融合"按钮。在弹出的"数据集融合"对话框中，设置源数据的数据集为"Buffer"，勾选融合字段"SmUserID"，将融合容限设置为"1"，结果数据的数据集命名为"Road"，点击"确定"按钮，执行分析，如图 6-4 所示。

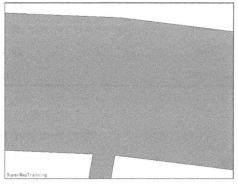

图 6-4 数据集融合

2. 地图制作

1）校园数据的添加

（1）添加数据到地图窗口。在工作空间管理器的数据源"Campus"中，选中"POIs""RoadLine""LivingArea""TeachingArea""ServiceArea""ActivityArea""OtherBuilding""Water""Wood""Grass""Ground"数据集，点击右键"添加到新地图"选项卡，将这些数据集都显示在同一个地图中。

（2）图层显示顺序调整。在"图层管理器"中，通过鼠标拖拽图层的方式来调整图层的显示顺序。为了防止图层压盖，将校园设施点图层"POIs@Campus"显示在最上方，道路线图层"RoadLine @Campus"显示在第二层，如图 6-5 所示。

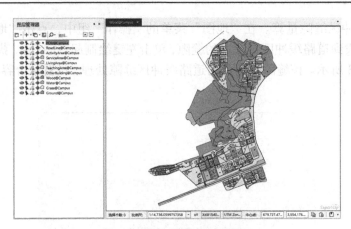

图 6-5　添加数据到地图窗口

2）教学楼、宿舍楼、水域等面状地物的可视化表达

（1）地物的填充风格确定。面区域的填充风格应该根据其性质选用具有一定区分度的颜色和填充样式，如植被绿地使用绿色，水域使用蓝色等。具体填充风格参数设置如表 6-3 所示。

表 6-3　校园数据中面状地物的风格参数设置

数据集名称	符号 ID	前景色	边线颜色	边线宽度
LivingArea	0	FFF7FA83	FFFFFF（白色）	0.1
TeachingArea	0	FFFFFAC5D	FFFFFF（白色）	0.1
OtherBuilding	0	FFDBE5F1	FFFFFF（白色）	0.1
Wood	0	FFCFEACB	FFFFFF（白色）	0.1
Water	0	FF96D5F5	FFFFFF（白色）	0.1
Grass	0	FFD6EDB7	FFFFFF（白色）	0.1
Ground	0	FFEFECF2	FFFFFF（白色）	0.1

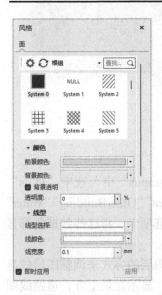

图 6-6　风格窗口设置

（2）教学楼、宿舍楼、水域、草地的填充风格设置。在图层管理器中选中图层"Grass@ Campus"，点击右键选择"图层风格…"，在右侧弹出的"风格"窗口中，选择面填充符号"System0"，点击"前景颜色"的下拉按钮，设置颜色值为"FFD6EDB7"，用同样的方法设置线型颜色值为"FFFFFF"，线型宽度为"0.1"，如图 6-6 所示。

重复上述步骤，依次为 LivingArea、TeachingArea、OtherBuilding、Water、Wood、Ground 图层设置面对象的填充风格。

3）道路面、活动区和服务区的面状地物可视化表达

对于校园的服务区、活动区及道路面的面状数据，通过制作单值专题图为不同类型的数据设置不同的填充风格。以活动区数据为例，操作步骤如下。

（1）专题图制作。在图层管理器中，选中图层"ActivityArea@ Campus"，点击右键→"制作专题图…"→"单值专题图"，在右

侧弹出的"专题图"窗口中，选择表达式为"Type"，如图 6-7（a）所示。

（2）设置专题风格。分别为三类数据——广场、球场、田径运动场设置对应的填充风格。双击属性对象的"风格"，在弹出的"填充符号选择器"对话框中，点击"前景颜色"，按照表 6-3 面状地物的风格设置参数，设置对应的颜色值，点击"线型选择"，选择线型为"NULL"，如图 6-7（b）所示。

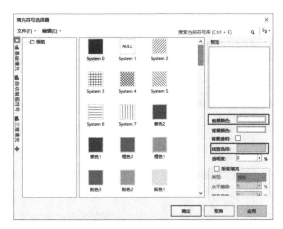

(a) 表达式设置　　　　　　　　　　(b) 填充风格设置

图 6-7　面状地物填充风格设置

重复上述步骤，为服务区数据（ServiceArea）、道路面数据（Road）制作单值专题图，设置不同的填充风格。

4）校园设施点的符号表达

数据集"POIs"中 Tpye 属性标识每个设施点对应的类型，可以通过不同符号来表示这些点。具体类型符号对应如表 6-4 所示。

表 6-4　POIs 类型符号对应表

Type 值	符号	符号 ID	显示大小	Type 值	符号	符号 ID	显示大小
地标性建筑	⊙	315	3.6×3.6	泳池		34040401	4.4×4.4
广场		113	4.4×4.4	园区		907778	1.9×4.8
图书馆		128	5.4×5.4	器材室		252737	3.1×3.1
医院	✚	180	4.4×4.4	超市		147	4.4×4.4
田径运动场		241	4.4×4.4	宾馆		99	4×4
教学区		162	4.4×4.4	草坪		907777	3.3×1.9
食堂		139	4.4×4.4	水泵房		907722	4.4×3
居住区		108	4.4×4.4	桥梁		152	4.4×4.4
活动中心		167	4.4×4.4	发展用地		236	4.5×4.5
体育馆		907664	4.2×4.2	博物馆		100	4.4×4.4
球场		907723	3.5×3.5	公厕		131	4.4×4.4
配电房		5190	2.8×2.8	水域		907817	3.2×3.2
学校		133	5.4×5.4	仓库		140	4.4×4.4

　　为"POIs"数据集中不同类型的数据设置不同的风格,可以通过单值专题图来完成。具体操作如下。

　　在图层管理器中,选中图层"POIs@Campus",点击右键→"制作专题图…"→"单值专题图",在弹出的"专题图"窗口面板中,选择表达式为"Type",双击"风格",在弹出的"点符号选择器"对话框中,点击左侧的"基础符号"→"城市"→"彩色_16",逐一设置每项单值对应的符号,如图6-8所示。

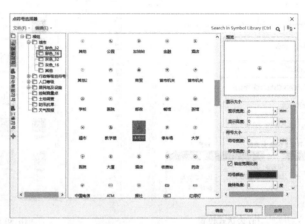

图 6-8　单值专题图符号设置

　　5)校园分区信息的注记制作

　　由于校园占地面积较大,校园划分为北苑、中北苑、西苑、南苑、东苑和茶苑几个园区。在校园电子地图中可以对各个园区进行标注,以便清晰地表达校园分区结构。为校园添加分区注记可以通过制作文本数据集的方式实现。

　　(1)文本数据集创建。右键点击工作空间管理器中的"Campus"数据源,在右键菜单中选择"新建数据集…"。在弹出的"新建数据集"对话框中,创建类型选择"文本",数据集名称设置为"partition_A",点击"创建"按钮。

　　(2)文本数据集添加到地图。在工作空间管理器"Campus"数据源节点下,将刚创建的"partition_A"数据集拖拽到前面步骤制作的地图窗口中。在图层管理器中选中图层"partition_A@Campus",右键点击,在右键菜单中选择"可编辑"。

　　(3)文本内容输入。在"对象操作"菜单中点击"文本"**A**按钮,鼠标移动到地图窗口,在要添加注记的位置点击,在出现的文本框中输入园区名称,如"西苑"。

　　(4)文本风格设置。选中文本对象,点击鼠标右键,此时文本对象呈现选中状态,在右侧弹出的"属性"面板中,为文本设置显示风格,字体名称选择"微软雅黑",字号为18,文本颜色为"# 4B80C1",勾选"背景透明"和"固定大小"。

　　通过这种方法依次在地图窗口为校园各个园区添加注记。

　　6)道路、教学区、设施点的注记制作

　　道路名称的注记主要利用 GIS 软件的标签专题图功能,基于道路数据"RoadLine"的 Name字段来制作。

　　(1)道路注记制作。在图层管理器中右键点击"RoadLine@Campus"图层,点击右键选择"制作专题图…",在弹出的"制作专题图"对话框中选择"标签专题图",并在对话框右侧的专题图风格模板列表中选择"统一风格",点击"确定"按钮。创建好的专题图会自动添加到当前地图窗口中，同时会弹出"专题图"面板窗口，设置标签表达式为"Name"，如图 6-9 所示。

（2）道路注记风格设置。在"专题图"面板窗口中，打开"风格"页面，字体名称选择"黑体"，对齐方式选择"中心点"，字号设置为"9"，文本颜色设置为"#595959"，勾选"背景透明""轮廓""固定大小"，如图 6-10 所示。

图 6-9　标签表达式设置　　　　　　　图 6-10　道路注记风格设置

（3）道路注记沿线标注。道路注记一般沿着道路线的走向进行标注，即沿线标注。在"专题图"面板窗口打开"高级"页面，勾选"沿线标注"，沿线显示方向选择"从上到下，从左到右放置"，沿线字间距设置为"8"，沿线字相对角度设置为"20"，如图 6-11 所示。

重复上述步骤，为教学区数据（TeachingArea）、设施点数据（POIs）制作标签专题图，添加注记。

3. 地图显示优化

1）地图数据分级显示

对校园各地物要素的处理与显示渲染完成后会发现，在浏览地图时，所有地物要素都会

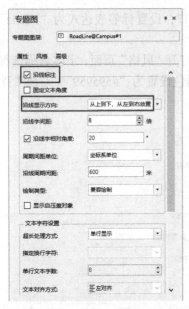

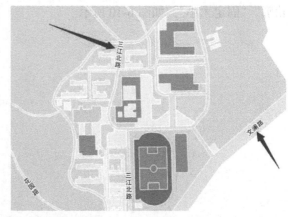

图 6-11　道路沿线注记

显示出来，甚至有些要素相互压盖，影响对地图的阅读。因此需要针对地图进行数据分级显示设置。具体操作如下。

（1）地图显示比例尺分级。本实验为该校园地图划分 6 个比例尺级别，分别为 1∶20000、1∶12000、1∶8000、1∶5000、1∶3500、1∶2000，各比例尺中显示的地物要素如表 6-5 所示。

表 6-5　各比例尺的显示图层

比例尺	显示的图层
1∶20000	partition_A@Campus（校园分区注记） Road@Campus（道路面图层） LivingArea@Campus（生活区面图层） TeachingArea@Campus（教学区面图层） ServiceArea@Campus#1（服务区的单值专题图图层） ActivityArea@Campus#1（活动区的单值专题图图层） OtherBuilding@Campus（其他建筑物面图层） Water@Campus（水域面图层） Wood@Campus（林地面图层） Grass@Campus（草地面图层） Ground@Campus（地面图层）
1∶12000	partition_A@Campus（校园分区注记） Road@Campus（道路面图层） LivingArea@Campus（生活区面图层） TeachingArea@Campus（教学区面图层） ServiceArea@Campus#1（服务区的单值专题图图层） ActivityArea@Campus#1（活动区的单值专题图图层） OtherBuilding@Campus（其他建筑物面图层） Water@Campus（水域面图层） Wood@Campus（林地面图层） Grass@Campus（草地面图层） Ground@Campus（地面图层）

续表

比例尺	显示的图层
1：8000	partition_A@Campus（校园分区注记） RoadLine@Campus#1（道路线的标签专题图图层） Road@Campus（道路面图层） LivingArea@Campus（生活区面图层） TeachingArea@Campus（教学区面图层） ServiceArea@Campus#1（服务区的单值专题图图层） ActivityArea@Campus#1（活动区的单值专题图图层） OtherBuilding@Campus（其他建筑物面图层） Water@Campus（水域面图层） Wood@Campus（林地面图层） Grass@Campus（草地面图层） Ground@Campus（地面图层）
1：5000	POIs@Campus#1（POIs 兴趣点的单值专题图图层） RoadLine@Campus#1（道路线的标签专题图图层） Road@Campus（道路面图层） LivingArea@Campus（生活区面图层） ServiceArea@Campus#1（服务区的单值专题图图层） ActivityArea@Campus#1（活动区的单值专题图图层） OtherBuilding@Campus（其他建筑物面图层） Water@Campus（水域面图层） Wood@Campus（林地面图层） Grass@Campus（草地面图层） Ground@Campus（地面图层）
1：3500	POIs@Campus#1（POIs 兴趣点的单值专题图图层） RoadLine@Campus#1（道路线的标签专题图图层） Road@Campus（道路面图层） LivingArea@Campus（生活区面图层） TeachingArea@Campus（教学区面图层） ServiceArea@Campus#1（服务区的单值专题图图层） ActivityArea@Campus#1（活动区的单值专题图图层） OtherBuilding@Campus（其他建筑物面图层） Water@Campus（水域面图层） Wood@Campus（林地面图层） Grass@Campus（草地面图层） Ground@Campus（地面图层）
1：2000	POIs@Campus#1（POIs 兴趣点的单值专题图图层） RoadLine@Campus#1（道路线的标签专题图图层） Road@Campus（道路面图层） LivingArea@Campus（生活区面图层） TeachingArea@Campus（教学区面图层） ServiceArea@Campus#1（服务区的单值专题图图层） ActivityArea@Campus#1（活动区的单值专题图图层） OtherBuilding@Campus（其他建筑物面图层） Water@Campus（水域面图层） Wood@Campus（林地面图层） Grass@Campus（草地面图层） Ground@Campus（地面图层）

（2）校园数据分级显示设置。设置地图图层在不同比例尺中是否可见的方法有很多，如通过图层管理器的"图层控制"按钮 🗂 ▾，为每个图层设置"最大/最小可见比例尺范围"，

　　另外也可以通过"分级配图"功能对地图批量设置多个级别的比例尺下需要显示的图层。这里以"分级配图"为例，具体操作方法如下。

　　点击功能区"地图"菜单→"制图"组→"分级配图"按钮，在弹出的"地图分级配图"对话框中，点击工具栏中的"添加"按钮，依次添加上述6级比例尺，并且分别在每一级别的比例尺下，在右侧图层列表"图层可见管理"中，为每个图层设置最大、最小可见比例尺，具体设置如图6-12所示。

图6-12　地图分级配图

　　提示：每个图层的最大/最小可见比例尺的取值需要根据地图显示效果反复试验，最终选取一个较为满意的值。

　　2）地图显示效果优化

　　（1）隐藏数据重复的图层。为避免数据重复显示，制作专题图后，原图层应设为不可见，如POIs@Campus、ActivityArea@Campus图层。因此在图层管理器中，在POIs@Campus、ActivityArea@ Campus图层右键菜单中点击"可显示"命令，此时该图层标识前面的👁变为👁。

　　（2）设置反走样优化显示效果。地图中文字或者数据边线有锯齿，消除锯齿的显示效果可以通过"反走样"功能来优化。首先，在"地图"菜单下的"属性"工作组中，点击"地图属性"按钮，在弹出的"地图属性"面板中勾选"线型反走样"和"文本反走样"。其次，在图层控制管理器中，分别选中需要做反走样效果的图层，在右键菜单中，选择"图层属性"，在"图层属性"面板中勾选"线型反走样"或者"文本反走样"。

　　（3）调整标签压盖现象。为避免标签文本与符号有压盖，可以设置标签文本的偏移量来解决。选中"POIs@Campus#2"标签图层，右键选择"修改专题图"，切换到"属性"页面，在"标签偏移量"中设置它的水平偏移量和垂直偏移量，本实验将垂直偏移量设置为"2"，如图6-13所示。缩放地图，即可看到标签与符号不再压盖。

图6-13　标签偏移量设置

4. 保存地图和工作空间

（1）保存地图。右键点击地图窗口，选择"保存地图"，输入地图名称"校园地图"，点击"确定"按钮。

（2）保存工作空间。点击"开始"菜单下"工作空间"组中的"保存"按钮，设置保存路径，输入工作空间名称，点击"保存"按钮。

5. 实验结果

本实验最终成果为 Campus.smwu（数据下载路径：第六章\实验一\成果数据），具体内容如表 6-6 所示。

表 6-6　成果数据

数据名称	类型	描述
Road	面数据集	校园道路线数据集转换成的面数据集
校园地图	地图	表达校园概貌（建筑物、道路等）的普通电子地图

综上，本实验得到了一幅包括校园内所有建筑物、道路、草地和水域等的表达校园概貌的电子地图，制图结果如图 6-14 所示。

图 6-14　实验结果图

五、思考与练习

（1）普通地图的内容要素包含哪几部分？

（2）地图上的交通网可以分成几类？

（3）校园林地数据——Wood@Campus 图层在校园电子地图中占地面积较大，在实验中通过统一设置风格的方法为林地数据进行风格渲染，但是整体图面效果较为单调。在林地数据集中每个林木对象都有一个 Tpye 属性，表达其林地属性（茂密丛林和稀疏丛林），请思考如何利用这个属性来为不同的林地对象设置不同的显示风格。

实验二　专题电子地图制作

一、实验场景

专题电子地图突出反映一种或几种主题要素。它通常面向某一专题应用领域的需要，包含自然电子地图、人文电子地图和特殊专题电子地图三大类，如电子地貌图、工农业产值电子地图、人口电子地图、历史电子地图等。

在专题电子地图的制作过程中，除了要面对与普通电子地图制作相同的一般性问题外，还要面对以下几个问题：①专题电子地图的底图数据如何选择与获取？②怎样处理与制作适应专题信息需要的底图？③专题数据的符号化有哪些注意事项？地图的打印布局怎样设计？

本实验以"校园迎新专题电子地图"为应用场景，围绕专题电子地图制作的关键问题，基于校园基础地理数据与专题地理数据，利用 GIS 软件中相应的制图工具，开展包含专题数据的处理、专题数据的符号化、地图布局的制作打印等在内的专题电子地图制作实验。

二、实验目标与内容

1. 实验目标与要求

（1）掌握专题电子地图表达的基本方法。

（2）熟练利用 GIS 软件独立设计并制作专题电子地图。

2. 实验内容

（1）数据的收集与处理。

（2）专题电子地图的制作，包括符号库的制作或导入、专题数据的符号化等。

（3）布局的打印输出。

三、实验数据与思路

1. 实验数据

本实验采用校内班车时刻表（校内班车时刻表.xlsx）、新生报到点信息（新生报到点信息.xlsx）、校园 logo 图片（logo.png）以及校园公共设施空间数据 Campus.smwu（数据下载路径：第六章\实验二\实验数据）作为实验数据，校园公共设施空间数据明细如表 6-7 所示。

表 6-7　数据明细

数据集名称	类型	描述
POIs	点数据集	校内服务设施的点数据集
ATM	点数据集	校内取款机的点数据集
BusStop	点数据集	校内班车站点的点数据集
RoadLine	线数据集	校园道路线数据集
MainRoad	线数据集	校外道路线数据集
Road	面数据集	校园道路面数据集
ActivityArea	面数据集	活动区数据集，包括球场、广场和运动场等活动场所的面数据集
LivingArea	面数据集	住宿区数据集，包括学生宿舍、教师宿舍和宾馆等建筑物的面数据集

续表

数据集名称	类型	描述
TeachingArea	面数据集	教学楼数据集，包括各院系教学楼、实验楼、行政楼的面数据集
ServiceArea	面数据集	服务区数据集，包括食堂、浴室和图书馆等建筑物的面数据集
OtherBuilding	面数据集	其他建筑物面数据集
Grass	面数据集	草地面数据集
Wood	面数据集	林地面数据集
Water	面数据集	水域面数据集
Ground	面数据集	校园区域面数据集
partition_A	文本数据集	校园分区文本数据集
CampusRoadName	文本数据集	校园主要道路文本数据集
MainRoadName	文本数据集	校外主要道路文本数据集

2. 思路与方法

基于校园公共设施空间数据和迎新相关资料，制作迎新专题电子地图主要通过数据收集处理、专题图制作、布局打印三个关键步骤实现。

（1）数据收集处理。根据专题电子地图的主题内容，搜集相关资料和素材，并通过 GIS 软件进行空间数据的处理。实验以班车站点 BusStop 以及校内班车时刻表为依据，通过 GIS 软件的"数据编辑"功能制作班车路线 BusLine；同理以收集到的新生报到点信息表为依据，制作报到点数据 CheckIn。专题电子地图制作流程如图 6-15 所示。

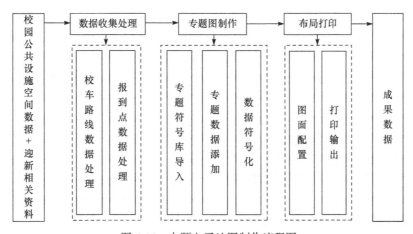

图 6-15　专题电子地图制作流程图

（2）专题图制作。首先设计或选择能够表达专题特征的符号，并将其导入工作环境中，在地图中添加包含专题信息的地理空间数据，利用 GIS 软件的"单值专题图""图层风格"等功能，采用定点符号法、运动线法等专题内容表示方法对专题数据进行表达。例如，报到点数据"CheckIn"采用复合数据图层的图面制作方法，校内设施"POIs"用定点符号法表达，设施点基于 GIS 软件的"单值专题图"功能进行符号化，班车路线"BusLine"用动线图的方法表达，路线行驶方向采用 GIS 软件的"图层风格"功能进行标注。

（3）布局打印。基于主题突出、图面均衡、易于阅读的原则，利用 GIS 软件"输出与打印"相关功能对专题电子地图及图上所有辅助元素，包括图名、图例、比例尺、文字说明及其他内容在图面上放置的位置和大小进行设计与制作，最后设置打印参数，输出成果数据。

四、实验步骤

1. 数据收集处理

1）数据收集

基于专题地图图面设计方法，确定迎新专题图所需地图要素，通过外业采集与内业处理的方法收集实验数据，如校内建筑物、道路、草地、水域、活动区等基础空间数据，校内服务设施点、校内班车站点、新生报到点信息等专题数据。具体步骤参考第一章。

2）校车路线数据处理

校车路线数据并未直接提供，因此需要进行进一步处理，利用班车站点数据和班车时刻表，制作路线图。

（1）线数据集创建。在 SuperMap iDesktop 中打开工作空间"Campus.smwu"，右键点击数据源"Campus"，新建线数据集"BusLine"，设置坐标系与"校园地图"的坐标系一致（EPSG Code 32650）。

（2）添加到地图中。打开"校园地图"，将"BusLine"添加到当前地图，在图层管理器中，调整图层的顺序并设置它"可编辑"。

（3）校车路线绘制。在菜单中点击"对象操作"→"折线"，根据班车时刻表上的路线行驶方向，按照从起点到终点的顺序在地图上沿校园道路进行绘制，绘制完成，点击右键结束（图 6-16）。

图 6-16　绘制校车路线

（4）校车路线属性字段添加。选中"BusLine"数据，右键点击菜单"属性"，在弹出的"属性"面板窗口打开"属性表"页面，点击"添加"，设置字段名称为"NAME"，字段类型为"文本型"。按此方法再添加字段名称为"Type"的字段，点击"应用"按钮。

（5）校车路线属性值添加。在工作空间管理器中右键点击"BusLine"数据集，在弹出的菜单中选择"浏览属性表";弹出"属性表"窗口,在 NAME 属性中依次为两条班车路线输入名称,分别为"茶苑—北区"和"茶苑—中北区",在 Type 属性中输入"校内班车"。

3)报到点数据制作

按照校车路线数据制作的方法,为报到点数据新建"CheckIn"点数据集,添加到地图中,设置"CheckIn"数据集"可编辑"。根据实验提供的新生报到点信息.xlsx,分别找到博士研究生、硕士研究生、本科生三类报到点在地图上的位置,在"对象操作"中选择"点",在对应位置绘制点,右键点击结束绘制。

2. 专题数据符号化

本实验直接选用本章实验一的"校园地图"作为地图底图,详细制图步骤这里不再赘述。

1)专题图符号库导入

通常 GIS 软件会提供丰富的符号库,用于制作不同类型的地图。可以查看软件提供的默认符号库是否满足制图需求,若不满足可以编辑制作新的符号,或者将已有的符号库导入 GIS 软件中。本实验提供制作迎新专题图的符号库文件,可直接导入软件中使用。

在工作空间管理器中,点击"资源"→"点符号库",在弹出的"点符号选择器"对话框中,选择"文件"→"导入"→"导入点符号库..."在弹出的"导入符号库"对话框中,选择"校园 POI 符号库.sym",点击"打开",将符号库导入软件符号库中,点击"确定"按钮,如图 6-17 所示。

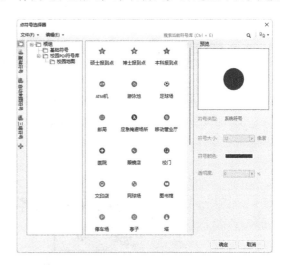

图 6-17　导入点符号库

2)专题数据添加

在"Campus"数据源中,选中"CheckIn""ATM""BusStop""BusLine"数据集,点击右键,在右键菜单中选择"添加到当前地图"。在"图层管理器"中通过鼠标拖拽图层来调整图层的显示顺序,将"CheckIn@Campus""ATM@Campus"等点图层显示在最上方,防止被其他线面图层压盖,如图 6-18 所示。

3)校园 POI 符号化

对校园服务设施数据"POIs"采用定点符号法表达。在图层管理器中右键点击图层"POIs@Campus",在右键菜单中选择"制作专题图..."→"单值专题图",在弹出的"专题图"属性窗口中,设置表达式为"Name",在下方的专题列表中,为每个专题属性值单独设置显示风格,例如,选中标题为"2 号校门"的表格,双击"风格"列中的符号,在弹出的"点符号选择器"中,选择刚刚导入的"校园 POI 符号库"→"校园地图",选择对应的符号,如图 6-19 所示。通过这种方法为每个专题值设置对应的符号。注意,为避免图层重叠显示,将"POIs@Campus#1"图层("校园地图"中 POIs 兴趣点的单值专题图图层,表达式为"Type")设置为隐藏状态。

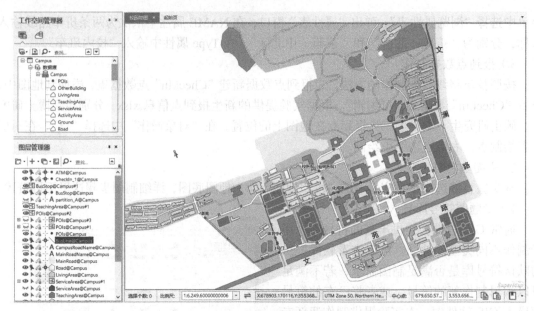

图 6-18　添加专题数据

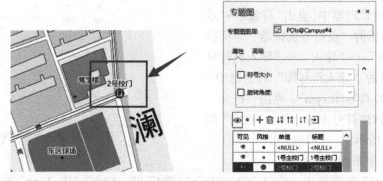

图 6-19　POIs 符号化

4）校车站点、路线符号化

参考对校车站点数据（BusStop）和校车线路数据（BusLine）使用图层风格设置的方式为所有数据设置统一的符号。

（1）校车站点符号化。在图层管理器中选中图层"BusStop@Campus"，点击右键，弹出右键菜单，选择"图层风格..."，在右侧出现的"风格"属性窗口中选择"校园 POI 符号库"→"校园地图"中的"公交车站"符号 🚌，设置符号宽度和高度为 0（即采用符号原始大小），勾选"锁定宽高比例"，如图 6-20 所示。

（2）校车路线符号化。对校车路线数据（BusLine）采用动线法的表示方法，具体操作步骤与校车站点的符号化方法一致。在"风格"面板窗口中，为校车路线设置 "箭头（折线中心）"符号，线宽度为 0.2，颜色为红色，如图 6-21 所示。

5）报到点符号化

（1）报到点符号设置。根据"CheckIn"的 Name 字段，通过"单值专题图"功能分别为博士研究生、硕士研究生、本科生三类报到点设置不同的符号。选中"CheckIn@Campus"图层，点击右键→"制作专题图..."→"单值专题图"，在右侧的"专题图"属性窗口选择表达

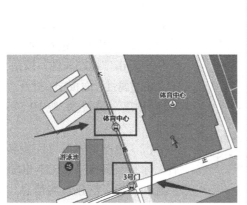

图 6-20　校车站点符号化

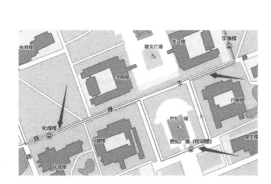
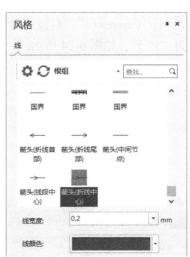

图 6-21　校车路线符号化

式为"Name"，双击"风格"，在弹出的"点符号选择器"对话框中，为不同的属性值对象设置对应的符号。

（2）报到点说明文字设置。报到点的文字信息由一个牵引线+红色圆角矩形框+文字说明组合而成，因此需要新建 CAD 数据集来存储点、线、面混合的数据。具体步骤如下。新建 CAD 数据集"报到地点"，右键点击"添加到当前地图"，选中图层右键设置"可编辑"，在"对象操作"中选择"线"，给文本框做一个牵引线，再选择"面"绘制文本框，最后选择"文本"，根据新生报到点信息.xlsx 的数据，在文本框内输入报到学院的文本信息，调整文本的大小、字体、字号等。重复上述步骤为所有报到点添加文本，如图 6-22 所示。

6）地图和工作空间保存

右键点击地图窗口空白处，在弹出的菜单中选择"地图另存为"，在弹出的对话框中设置地图名称为"校园迎新专题图"，点击"确定"按钮。

点击"开始"→"工作空间"→"保存"按钮，完成工作空间的保存。

图 6-22　报到点符号化

3. 布局打印

1）地图与地图要素旋转

（1）地图旋转。由于校园迎新专题图的走向不是正北方向，为了提高地图的阅读性，需要将地图进行旋转。在"地图"模块中点击"地图属性"按钮，在弹出的"地图属性"面板中，打开"基本"页面，"旋转角度"设置为"-19.5"，如图 6-23 所示。

（2）地图要素反方向旋转。地图旋转后，标签、点符号、文本也随着地图进行了旋转，为了摆正这些信息，需要对它们进行反方向的 19.5°旋转。以教学区的标签为例，选中教学区标签图层 "TeachingArea@ Campus#1"，右键选择"修改专题图"，在"专题图"风格页面中，"旋转角度"设置为"19.5"，如图 6-24 所示。

图 6-23　地图旋转

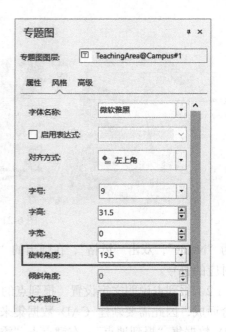

图 6-24　教学区标签旋转

　　重复上述操作，为报到点文本、POIs 标签、POIs 点符号、班车站点符号设置反方向旋转角度。

2）设计布局

　　编制地图时，需要考虑地图的打印或者出版效果。为了能够制作出完美的地图并将所有信息表达出来，需要考虑一些因素，如是单独一幅地图，还是系列图的一部分；印刷版本的大小；页面的方向；是否包含其他地图要素，如图名、指北针或图例；是否添加图形或图表；地图上的比例尺如何表示；如何组织页面上的地图要素等。

基于这些因素，设计布局的纸张方向为横向、纸张大小自定义为52cm×48cm；布局页面保持默认值，横向页数和纵向页数都为1。可根据加载的地图修改参数，适当调整布局大小，以便能全部显示固定比例尺下的地图要素。

3）制作布局要素

一幅完整的地图除了包含反映地理数据的线划和色彩要素外，还应包含与地理数据相关的一系列制图元素，如图名、图例、指北针、比例尺、统计图表和报表等。具体步骤如下。

（1）布局窗口创建。点击菜单"开始"→"布局"，在弹出的"新建布局"窗口中双击"空白模板"，创建完成一个"未命名布局"窗口。在菜单"布局"→"纸张大小"中设置自定义尺寸为52cm×48cm。

（2）布局外框制作。为了让布局排版更好看，给地图制作外框条。在菜单"对象操作"中选择"面"→"矩形"，在"未命名布局"窗口中绘制矩形面作为外框，能够覆盖住整个布局页面，在菜单"风格设置"→"前景色"中设置面的前景色为绿色，选中这个矩形面进行复制，通过拖拽的方式调整复制面的大小，作为内框，修改颜色为白色。内外框的距离不需要太大（图6-25）。注意，为避免作为外框的两个矩形面压盖地图要素，通过右键选中矩形面，选择"置底"，调整外框的显示顺序为最底层。

图6-25　布局外框

（3）布局要素添加。

a. 迎新专题地图的添加。点击菜单"对象操作"→"地图"→"矩形"，在布局窗口绘制一个矩形用于放置地图，完成绘制后，在弹出的"选择填充地图"对话框中，选择"校园迎新专题图"，点击"确定"按钮。

b. 指北针的添加。保持布局窗口中地图对象的选中状态，点击菜单"对象操作"→"指北针"按钮△，在布局右上角添加指北针，右键点击指北针，选择右键菜单的"属性"命令，弹出"指北针属性"面板，在"指北针样式"中选择一种形状的指北针，也可以设置宽度、高度、角度等参数。

c. 比例尺的添加。保持布局窗口中地图对象的选中状态，点击菜单"对象操作"→"比例尺"按钮 ⊩500，添加到布局左下角，右键点击比例尺，选择右键菜单的"属性"命令，在弹出的"比例尺属性"面板中可选择比例尺的类型，本实验数据坐标系单位为米，因此比例尺单位选择"米"。

d. 图例的添加。保持布局窗口中地图对象的选中状态，点击菜单"对象操作"→"图例"按钮▤，添加到布局右下角，通过对"图例属性"面板的"图例项/图例子项可见性"进行选择，概括掉一些不重要的图例信息，选取要重点突出的图例信息，如报到点的图例、校内POI的图例等。选中布局窗口中的图例对象，右键菜单选中"拆分布局元素"，可以对图例中的每个图例子项进行调整。

e. 校园logo和地图名称的添加。在布局左上角，为布局添加校园logo图片。在"对象操作"菜单中，点击"图片"按钮，为布局添加校园logo，调整它的大小和位置。再点击"文本"按钮 A，输入图名"师范大学迎新地图"，双击文本，在"属性"窗口的"文本属性"选项卡中，选择字体名称为"隶书"，设置字号为"25"，字高为"88"，文本颜色为黑色，勾选

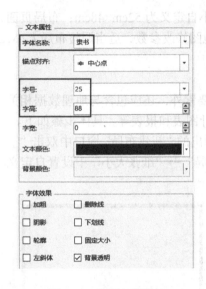

图 6-26　地图名称添加

"背景透明", 如图 6-26 所示。

（4）保存布局。布局要素制作完成后, 在布局窗口空白处点击右键, 选择"保存布局", 在弹出的"布局另存为"对话框中, 输入布局的名称"校园迎新地图"。

4) 打印输出

编制完成的地图通常情况下有两种输出方式: 一是通过打印机或绘图仪将编制好的地图打印输出; 二是将编制好的地图转换为通用格式的栅格图形, 如 emf、bmp、png、jpg、tif、gif 等格式, 存储为磁盘文件, 以便在多个系统中应用。

（1）打印机输出。先在"布局"菜单中选中"打印预览"按钮 📄, 再对打印机进行设置。在"打印"按钮 🖨 的下拉菜单中选择"打印", 在弹出的"打印"对话框中可以选择打印机、打印范围等, 点击"页面设置", 在弹出的"打印页面设置"对话框中选择纸张类型为"自定义大小", 设置宽度高度为 52cm 和 48cm, 可在下方预览处预览页面效果, 如图 6-27 所示。

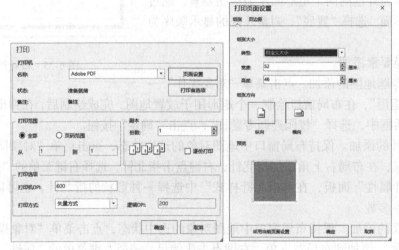

图 6-27　打印页面设置

打印设置完成后, 点击"确定"按钮, 即可在打印机中打印整幅地图。

（2）栅格图片输出。右键单击布局窗口, 选择"输出为图片...", 在弹出的"输出为图片"对话框中, 输入图片名称"校园迎新地图", 选择图片类型为"PNG 文件", 保存路径（../路径/文件夹）, 点击"确定"按钮, 即可输出为栅格图片。

最后保存工作空间, 点击"开始"菜单下"工作空间"组中的"保存"按钮, 即可保存当前工作空间。

4. 实验结果

本实验最终成果为 Campus.smwu（数据下载路径: 第六章\实验二\成果数据）, 具体内容如表 6-8 所示。

表 6-8 成果数据

数据名称	类型	描述
CheckIn	点数据集	新生报到地点的点数据集
BusLine	线数据集	校内班车路线的线数据集
报到地点	CAD 数据集	新生报到信息的复合数据集
校园迎新专题图	地图	大学新生地图
校园迎新地图	布局	迎新专题图的布局
校园迎新地图.png	PNG 图片文件	布局输出为栅格图片成果

综上，本实验得到了一幅校园迎新图，能够查看校园的分布结构、主要活动区域，以及校内班车路线和停靠站点等信息，可以为新生报到提供地图导览。

五、思考与练习

（1）本实验使用定点符号法表达校园班车站点，请问什么是定点符号？它如何分类？

（2）对于报到点的专题信息，是否还有其他表达方式？请举例。

（3）在专题地图中，基于道路数据中每条道路对象都有 Type 属性，能够区分其道路的类型（校内道路和校外道路），能否分别为不同的属性对象设置不同的显示风格，让专题地图的表达更加丰富？

实验三　基于互联网制图平台的地图制作

一、实验场景

随着以百度地图、腾讯地图、谷歌地图等为主的互联网在线电子地图平台的普及，企业和社会大众对电子地图在线制图的需求也日益强烈，这不仅促使在线地图平台具备了与传统制图软件相媲美的在线制图能力，同时也催生了一大批以大众制图、志愿者制图、用户自定义制图等为主要功能的第三方在线制图平台，典型的如地图慧、SuperMap Online 的数据上图、ArcGIS Online 的在线制图等。这些在线平台通过内嵌制图软件、支持制图知识规则、简化制图程序等方式，基于"选择模板、上传数据、生成地图"等制图步骤，协助用户快速生成所需的电子地图。

在基于互联网在线制图平台开展电子地图制作的过程中，可能会面临以下技术与应用问题：①互联网在线电子地图制作与传统地图制作有何不同？②互联网在线电子地图制作通常采用哪些制图平台和工具？它们有哪些特点？③制图者的业务数据通过何种形式保存在电子地图中？④制图的流程如何，哪些是关键步骤？⑤制图成果的形式怎样，如何实现共享利用？

本实验以"制作一幅新生报到路线的在线电子地图"为应用场景，围绕制图工具的使用、绘制要素方法、风格个性定制等关键问题，利用互联网在线制图平台，基于相应的流程和方法，完成电子地图的在线制图。

二、实验目标与内容

1. 实验目标与要求

（1）了解互联网在线电子地图的结构。

（2）掌握在线地图的制作、发布与共享的流程操作。

2. 实验内容

（1）绘制制图要素（点、线、面和注记）。

（2）个性风格设置。

三、实验数据与思路

1. 实验数据

本实验采用新生报到点信息（新生报到点信息.xlsx）和校车运行路线信息（校内班车时刻表.xlsx）（数据下载路径：第六章\实验三\实验数据）作为实验数据，并基于在线 GIS 平台 SuperMap Online 的数据上图应用，实现互联网在线电子地图制作，平台地址为：https://www.supermapol.com/。

2. 思路与方法

制作一幅"新生报到路线"的互联网在线电子地图主要包括制图要素绘制和个性风格设置两个关键步骤。

（1）制图要素绘制。首先按照要素几何特征创建不同类型的图层，再利用在线制图平台的制图工具，基于全国基础地理底图，绘制点、线、面和注记要素。

（2）个性风格设置。利用"标注编辑"工具，分别为各图层要素设置样式、颜色、符号尺寸等。基于互联网制图平台的地图制作流程如图 6-28 所示。

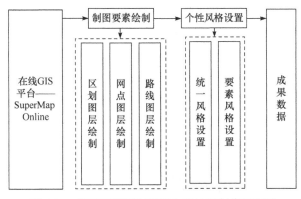

图 6-28　基于互联网制图平台的地图制作流程图

四、实验步骤

1. 制图要素绘制

1）切换底图

如图 6-29 所示，在左侧图层管理窗口中，点击"China_Light"图层右下角的▦按钮，在弹出的图层列表中选择"天地图"。

2）制图区域浏览

点击地图窗口右上角搜索栏的▼按钮，选择目标区域所在城市"南京市"→所在地点"南京师范大学(仙林校区)"，点击右侧的🔍按钮。通过鼠标滚轮或者界面右上角提供的功能对地图进行基本浏览操作，找到目标制图区域，如图 6-30 所示。

图 6-29　切换底图

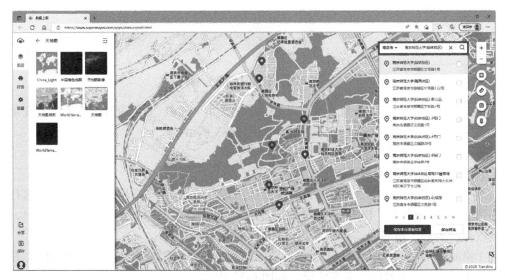

图 6-30　制图区域浏览

3）校园分区图层绘制

按照校园分区信息，绘制茶苑、西苑、南苑、东苑、北苑及中北苑六个区域。

（1）添加图层。在"图层"窗口中点击"添加图层"，在弹出的下拉菜单中选择"创建标注图层"，重命名为"校园分区"，如图 6-31 所示。

图 6-31　添加图层

（2）绘制区划面。以茶苑为例，双击"校园分区"图层，点击"画面"工具 ⬭ ，在下拉菜单中选择第 1 个选项"绘制面" ⬭ 。通过缩放地图，沿着分界道路进行绘制。绘制完成后，在左侧标注列表中输入区划名称"茶苑"，如图 6-32 所示。

图 6-32　校园区划面绘制

（3）绘制区划注记。以茶苑为例，点击"绘制文本"工具 T 。通过缩放地图，在茶苑区域中心位置单击，添加"茶苑"文本注记，如图 6-33 所示。

重复上述步骤，绘制其他校园区域面及注记。

4）校门图层、报到点图层绘制

（1）绘制校门图层。在"图层"窗口中点击"添加图层"，在弹出的下拉菜单中选择"创建标注图层"，重命名为"校门"。通过缩放地图找到 4 号门，选择"绘制点"工具 ⬭ ，绘制完成修改标注名称，命名为"4 号门"，如图 6-34 所示。

（2）绘制校门注记。以 4 号门为例，点击"绘制文本"工具 T 。通过缩放地图，在 4 号门位置单击，添加"4 号门"文本注记，如图 6-35 所示。

图 6-33　校园区划注记绘制

图 6-34　校门图层绘制

图 6-35　校门注记绘制

　　重复上述步骤，绘制制图区域其他的校门及注记。

　　（3）绘制报到点图层。如图 6-36 所示，根据"新生报到点信息.xlsx"，在搜索栏🔍中输入搜索信息"南京师范大学仙林校区教工住宅楼"，在搜索结果列表中选中目标结果的复选框，点击"保存所选"，修改标注名称为"茶苑教工住宅区"，并将当前的标注图层重命名为"报到点"。

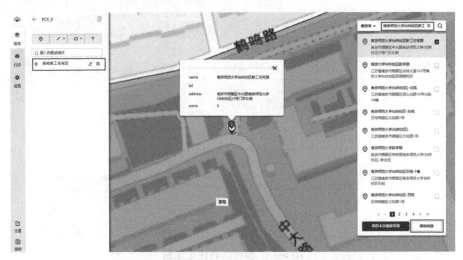

图 6-36　报到点图层绘制

注意：此方法的前提是需要知道搜索点的详细信息，以便于进行精确搜索。除保存所选的搜索结果之外，也可以根据搜索结果的空间位置，通过"绘制点"工具 ⊙ 手动添加报到点标注。

（4）绘制报到点注记。以茶苑教工住宅区报到点注记为例，点击"绘制文本"工具 T。通过缩放地图，在茶苑教工住宅区报到点位置下方点击，添加"茶苑教工住宅区"文本注记，如图 6-37 所示。

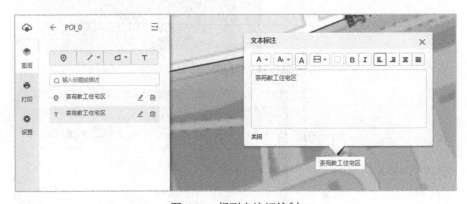

图 6-37　报到点注记绘制

重复上述步骤，搜索保存其他报到点及注记。

5）校车路线图层绘制

在"图层"窗口中点击"添加图层"，在弹出的下拉菜单中选择"创建标注图层"，重命名为"校车路线"。点击"画线"工具 ╱，在下拉菜单中选择第 1 个选项"绘制线" ╱，根据实验提供的校车运行路线信息（校内班车时刻表.xlsx），按照路线的运行方向绘制校车路线。以线路一"茶苑—北区"为例，缩放制图区域，从起点茶苑开始，途经校医院和世纪广场，沿着道路和行驶方向进行绘制，终点为北区。绘制完成后，在左侧标注列表中修改路线的名称为"茶苑—北区"，如图 6-38 所示。

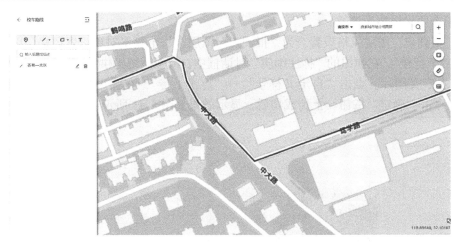

图 6-38 校车路线图层绘制

重复上述步骤，绘制校车线路二"茶苑—中北区"。

2. 个性风格设置

为了使制作的地图更美观，需要设置地图的显示风格。设置地图显示风格有两种方式，一是为图层中所有要素设置统一风格样式，适合校门图层的设置；二是为图层中单个要素设置风格，适合报到点图层和校园分区图层的设置。

1）统一风格设置

为校门图层设置统一风格样式。打开"校门"图层，在地图中，点击"4号门"的标注点，在弹出的"标注编辑"对话框中勾选"应用样式到全部标注"，并在提供的"更多符号"列表中，选择 符号作为校门的图标，设置点半径为"40"，如图 6-39 所示。

校门图层显示风格如图 6-40 所示。

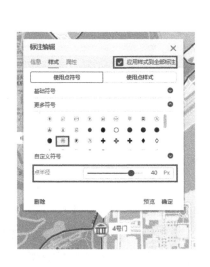

图 6-39 校门图层样式设置

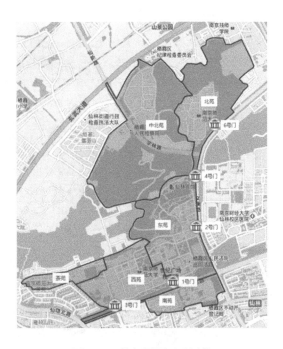

图 6-40 校门图层显示风格

2）单个要素风格设置

（1）"报到点"图层风格设置。为"报到点"图层中每个要素对象设置风格。以学行楼为例，选中"学行楼"，在弹出的"标注编辑"对话框中，由于系统提供的图案不满足实验需求，需要上传自定义图片。点击"自定义符号"→"点击上传"，在弹出的对话框中选择"学行楼.png"，点击"确定"按钮。上传成功后，显示效果如图 6-41 所示。

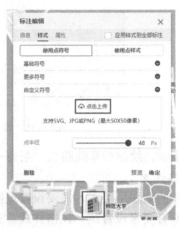

图 6-41　报到点风格设置

重复上述步骤，为其他报到点设置自定义风格。显示效果如图 6-42 所示。

（2）校园分区图层风格设置。默认绘制的校园区划面风格相同，没有差异，因此需要为校园分区中的每个要素设置风格。以茶苑为例，在地图窗口中，选中"茶苑"面要素，在弹出的"标注编辑"对话框中，设置面颜色、边线颜色均为"#F3B757"，其他参数采用默认值，点击"确定"按钮，如图 6-43 所示。

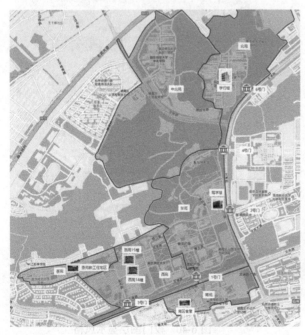

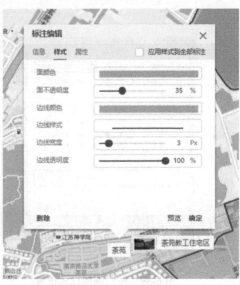

图 6-42　报到点图层显示风格　　　　图 6-43　区域样式设置

重复上述步骤,设置其他分区的风格样式。结果如图 6-44 所示。

3)校车路线风格设置

以线路一为例,在地图窗口中,选中"茶苑—北区"路线,在弹出的"标注编辑"对话框中,选择线样式为"━ ━",设置线颜色为"D0021B",线宽度为"2",点击"确定"按钮,如图 6-45 所示。

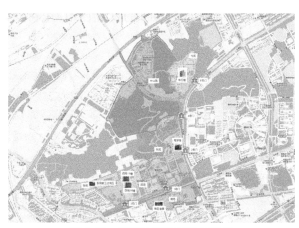

图 6-44 校园分区图层显示风格

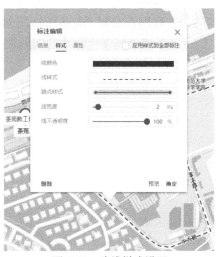

图 6-45 路线样式设置

3. 地图保存与分享

1)地图保存

在左侧功能栏最下方点击"保存"按钮 ,在弹出的"保存地图"对话框中,输入新的地图名称"迎新电子地图",点击"保存"按钮,即可保存当前地图,如图 6-46 所示。

2)地图分享

分享制图结果。点击"分享"按钮 ,在弹出的"分享权限"对话框中,可以通过分享链接或者嵌入网页的方式分享给其他用户,如图 6-47 所示。

图 6-46 保存地图

图 6-47 地图分享

4. 实验结果

　　本实验的实验结果是一幅在线分享的校园网络电子地图，成果数据保存在 SuperMap Online 的数据上图应用的个人账户中。

五、思考与练习

　　（1）实现互联网在线制图的平台还有哪些？它们各自的制图特点有哪些？

　　（2）互联网在线制图与传统地图制作有何不同？

　　（3）基于班级同学生源地的实际数据，尝试采用 SuperMap Online 的数据上图应用制作班级同学生源地电子地图。

第七章 GIS 系统设计与开发

实验一 GIS 系统设计

一、实验场景

GIS 系统设计既是系统开发工作的重要内容，也是衡量一个信息系统优劣的依据，其目标是通过改进系统设计方法、严格执行开发的阶段划分工作进行各阶段质量把关、做好项目建设的组织管理工作，从而达到增强系统的实用性、降低系统开发和应用的成本、延长系统生命周期的目的。GIS 系统设计涵盖需求分析、架构设计、模块设计、界面设计及数据库设计等内容，是用于指导系统开发人员实施系统建设、保障系统质量的必要步骤。在 GIS 开发过程中，进行合理的、高效的 GIS 系统设计，是降低系统开发成本、提高系统建设效率、增加系统实用性的关键所在。

开展 GIS 系统设计，设计者常常会面临 GIS 系统设计与一般信息系统设计的区别在哪里；GIS 系统设计的内容及一般性过程是什么；GIS 系统设计通常会采用哪些方法和工具软件；GIS 系统设计的成果有哪些，具体以何种形式呈现等问题。通过 GIS 系统设计实验的学习与实践，不仅可以解决这些问题，还可以在提高实验者 GIS 设计能力的基础上规范设计过程、提升设计成果的质量，进而为后续 GIS 开发提供基础保障。

本实验以"校园公共设施管理地理信息系统设计"为应用场景，围绕需求分析、架构设计、模块设计、界面设计、详细设计及数据库设计等系统设计内容，根据软件工程的原理和方法，对校园公共设施管理地理信息系统进行需求分析、总体设计、数据库设计和系统功能详细设计。

二、实验目标与内容

1. 实验目标与要求

（1）了解 GIS 系统设计方法。

（2）掌握 GIS 功能设计思路。

（3）掌握 GIS 系统数据库设计方法。

2. 实验内容

（1）需求分析。

（2）总体设计。

（3）数据库设计。

（4）功能模块设计。

三、实验数据与思路

校园公共设施管理地理信息系统设计主要通过需求分析、总体设计、数据库设计、系统功能详细设计四个关键步骤实现。

首先，从需求分析入手，对用户进行需求调查，在此基础上对系统需求进行分析，形成需求分析规格书。

其次，在总体设计阶段，利用系统总体设计工具"层次图""结构图"等，分别从架构设计、模块设计、界面设计、数据库总体设计等几个方面，确定系统总体架构与软硬件配置、系统功能模块划分、人机交互界面、数据库总体结构等内容。

再次，在数据库设计阶段，运用实体-关系（entity-relationship, E-R）模型、关系模型等方法，分别完成对数据库的概念设计、逻辑设计和物理设计。

最后，在系统功能详细设计阶段，利用类图、模块图等工具，完成对校园公共设施管理地理信息系统所需功能的详细设计。

GIS 系统设计流程如图 7-1 所示。

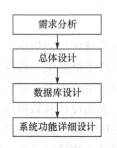

图 7-1　GIS 系统设计流程图

四、实验步骤

1. 需求分析

1）需求调查

为了明确校园公共设施管理地理信息系统使用人群、业务与功能需求，需要从用户、数据、软硬件环境等方面进行调查。

（1）用户需求调查。校园公共设施管理地理信息系统在设计初期有很多不明确的需求，如系统具体的业务功能、校园资源设施情况，因而需要先对校方后勤行政人员、设施维护人员及学校相关老师同学进行调查，明确他们的需求。调查可以采用现场参观及面谈的方式，明确校园公共设施管理地理信息系统的用户希望通过 GIS 解决什么问题，以此来分析具体的业务需求，协助明确系统功能。

（2）数据源需求调查。校园公共设施管理地理信息系统最重要的部分是空间数据，系统中使用什么精度的空间数据，需要哪些类型的业务数据，都需要通过数据源需求调查来明确。因此在需求调查阶段，需要收集针对校园公共设施数据的需求信息，如系统中需要体现哪些校园资产设施数据、水电能耗指标有哪些等。

（3）其他调查。校园公共设施管理地理信息系统最终部署的环境需求也是保障项目顺利发布的基础，因此需要针对学校调查 GIS 系统搭建的基础硬件现状、学校机房的硬件配置信息、网络现状，明确校园网和外网的访问互通情况，以确定系统设计是否需要特殊配置。

2）业务功能需求

结合上一步需求调查的结果，将校园后勤行政管理人员、设施维护人员、师生的需求进行梳理，进一步明确校园公共设施管理地理信息系统的业务内容，包括校园设施管理与维护业务的具体需求、校园概貌的浏览与查询需求、校园设施的实时报修管理需求等。在整理出的校园公共设施管理地理信息系统业务需求的基础上，分析员对业务需求进行分解，将其转换成形式化描述的 GIS 功能需求。

最终分析人员将系统需求分析形成明确的结论，并整理成"需求规格说明书"，如表 7-1 所示。

表 7-1　需求规格说明书

模块	具体内容
引言	文档标识 术语和缩略语 参考材料

续表

模块	具体内容
项目概述	GIS 项目背景、目标、内容、调查情况 运行环境 条件与限制
GIS 功能需求分析	功能划分 功能描述

2. 总体设计

校园公共设施管理地理信息系统设计阶段主要考虑"怎么做"的问题。在明确系统目的、任务、目标等原则问题的基础上，设计校园公共设施管理地理信息系统总体结构。

1）系统架构设计

面向各类使用人群，校园公共设施管理地理信息系统的建设目标是对校园公共设施数据统一进行管理，实现校园基础设施采集、维护、数据发布、查询等功能。采用客户端/服务器（client/server，C/S）结构的数据管理维护系统更加高效和精准；采用移动端/服务器（mobile/server，M/S）结构更能满足校园后勤维护人员的采集、维护、快速保修的需求；采用浏览器/服务器（browser/server，B/S）结构借助互联网与浏览器可以方便快速地实现对校园设施的查询、统计及校园信息获取。而校园公共设施空间数据和业务数据，采用统一存储与管理的方式更利于数据保持一致性和及时性。

基于此，校园公共设施管理地理信息系统采用四层架构，以基础设施层为支撑，通过数据层将校园公共设施空间数据和各种业务数据进行统一存储。在数据层之上，面向业务需求，将校园公共设施空间数据封装成各种 GIS 服务，即服务层。在应用层，分别以 C/S、B/S、M/S 结构的综合信息子系统面向各类使用人群。GIS 系统的总体架构如图 7-2 所示。

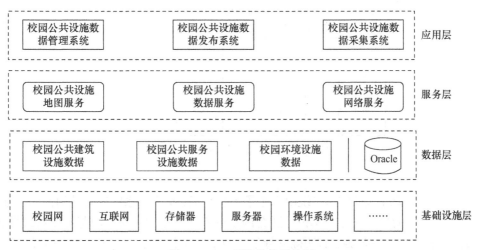

图 7-2　GIS 系统总体架构图

2）系统模块设计

经过系统需求分析，明确系统要实现的功能后，进入系统功能模块设计阶段。功能模块划分过程是对校园公共设施管理地理信息系统进行拆解的过程，可以通过模块层次结构图辅

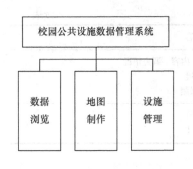

图 7-3　校园公共设施数据管理系统模块

助表达系统各个功能模块的设计。

校园公共设施管理地理信息系统是一个综合性信息系统，该系统应具备校园公共设施数据的采集、存储、管理、查询、统计、输出（地图、统计表）等功能，在模块设计过程中，根据系统的不同业务需求和不同用户权责，将系统划分为相对独立而又互相联系的业务子系统，每个系统按照其平台特色再细分为若干模块。

（1）校园公共设施数据管理系统：该子系统是 C/S 结构，重在实现校园公共设施空间数据的编辑与数据维护，如图 7-3 所示。

（2）校园公共设施数据采集系统，针对其定位特色，实现数据的采集、维护等工作，也提供公众查询及导航等基础地图服务功能（图 7-4）。

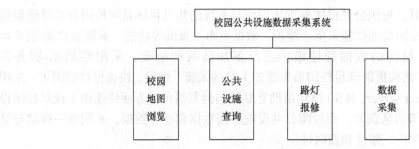

图 7-4　校园公共设施数据采集系统模块

（3）校园公共设施数据发布系统：基于 B/S 结构，提供校园导览、公共设施数据查询、公共设施数据管理等模块（图 7-5）。

图 7-5　校园公共设施数据发布系统

3）系统界面设计

校园公共设施管理地理信息系统由三个子系统组成，每个子系统因为其面向的终端不同，所以需要根据终端的显示特点分别设计适合的系统界面。通常，对于浏览器端系统界面，要求界面美观、操作易用性较强、有明确的导航设计；对于移动端布局则需要适应设备的分辨率，尽量简化。由于移动终端设备版面相对较小，而且地图会占用绝大部分版面，导航及功能操作区可以采用触发式隐藏窗口的方式设计。下面以校园公共设施数据发布系统为例介绍主界面的设计。

设计主界面需要确定系统的基准色调，在校园公共设施数据发布系统中，因为校园电子地图主色系是绿色，所以系统整体色彩以绿色为主。首页主界面一般是三分图的架构，包含头部标题，左侧模块栏目，右侧地图主版面，即占用篇幅最大的地图视窗；综合考虑设计因素及模块内容后，绘制页面设计草图。校园公共设施数据发布系统主界面布局如图 7-6 所示。

图 7-6 校园公共设施数据发布系统主界面布局

4） 系统总体设计报告填写

系统总体设计阶段的最终成果是 GIS 系统总体设计报告，它是下一步系统实施的依据。表 7-2 列出了 GIS 系统总体设计报告的主要内容。

表 7-2 GIS 系统总体设计报告主要内容

引言	编写目的 项目背景
用户需求分析成果	系统功能需求 性能要求
GIS 总体设计	设计目标、依据和方法 GIS 软件架构 GIS 系统软硬件配置方案 GIS 功能模块设计 GIS 系统界面设计

3. 数据库设计

系统数据库设计的主要任务是将系统涉及的数据进行合理的组织，主要分为概念设计、逻辑设计和物理设计。

1）数据库概念设计

基于校园公共设施管理地理信息系统的需求分析结果，从各个业务模块的逻辑关系进行整理，设计出管理系统的概念数据模型，该模型能够反映学校公共设施信息结构，满足各业务部门对公共设施数据的存储、查询和加工的要求。以路灯维修管理模块为例，任意用户可以上报路灯损坏情况，校方后勤管理人员接收到路灯损坏信息，下发维修任务给后勤维修人员，维修人员接到指令，对路灯进行维修。维修完毕，后勤管理员负责复检，如果没有修复成功则重新派单维修。依据上述业务流程与约束规则，对其进行抽象化表述，其中实体对象有上报人、后勤维修人员、后勤管理人员、路灯；实体对象有其特有的属性，如路灯的属性有 ID、损坏情况等；对应的关系包括上报、维修、工单派发、复检。具体的 E-R 模型图如图 7-7 所示。

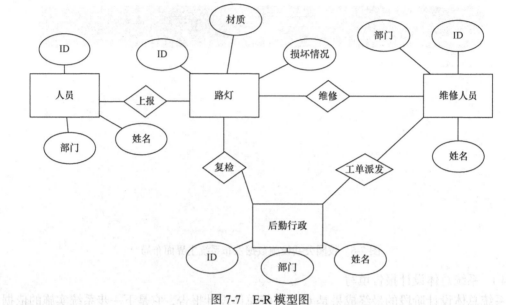

图 7-7　E-R 模型图

2）数据库逻辑设计

数据库逻辑设计的任务是把数据库概念设计阶段产出的概念数据库模式变成逻辑数据库模式。E-R 模型到关系模型的映射主要有以下步骤。

（1）将每个实体映射成一个单独的关系。实体的属性映射关系的属性，如路灯实体转换为路灯表，如表 7-3 所示。

表 7-3　路灯表结构

字段名	字段类型	字段长度	小数位	取值限制	备注
标识符	字符型	20			主键
道路名称	字符型	20			
材质	字符型	20			
是否损坏	逻辑型				

（2）实体间的关系转化为关系表。本实验路灯和维修人员实体间的关系是多对多的关系，可构建维修作业表，如表 7-4 所示。

表 7-4　维修作业表结构

字段名	字段类型	字段长度	小数位	取值限制	备注
标识符	字符型	20			主键
维修人员名字	字符型	20			
日期	Date	20			

字段名	字段类型	字段长度	小数位	取值限制	备注
路灯 ID	字符型	20			
损坏修复	逻辑型				

（3）构建关系模型图。在所有实体到关系表的映射都明确后，进入关系模型图的构建，即从表格转换成关系模型图的过程，包括普通用户上报路灯损坏情况、维修人员维修路灯、后勤管理人员复检路灯维修情况，并修改路灯的维修状态。关系模型图如图 7-8 所示。

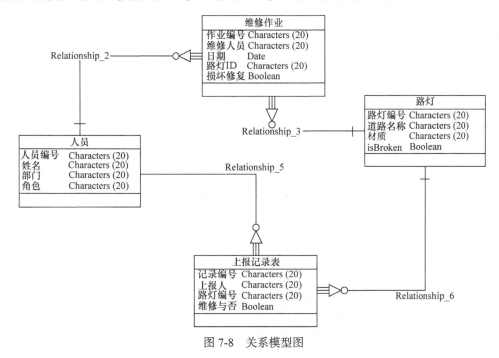

图 7-8　关系模型图

3）数据库物理设计

校园公共设施管理地理信息系统的数据库平台选用 Oracle12c，每个数据库从逻辑上对应一个 Oracle 用户，从物理上对应一个 Oracle 的存储表空间，详见表 7-5。

表 7-5　Oracle 数据库表空间信息

用户名称	表空间	初始数据大小/MB	预期数据大小/MB	描述
campus_gis	USER_GIS	1000	20000	GIS 数据库+系统账户信息

4. 系统功能详细设计

针对校园公共设施管理地理信息系统的每个子系统需要实现的功能进行详细设计，为系统开发人员提供功能模块实现的参考依据。系统功能的详细设计呈现形式可以是"模块图+文字记录详细功能"，本实验以校园公共设施数据发布系统为例，进行系统功能的详细设计。其详细功能模块图如图 7-9 所示。

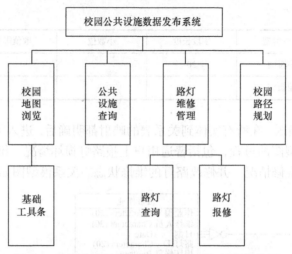

图 7-9　校园公共设施数据发布系统详细功能模块图

　　校园公共设施数据发布系统详细功能模块图设计完善以后，需要对每个功能做文字补充说明，包括每个功能的输入、输出、约束信息等。将模块功能详细说明内容填写到功能详细说明表中，如表 7-6 所示。

表 7-6　功能详细说明表

系统	模块	具体功能说明
校园公共设施数据发布系统	校园地图浏览	基础工具条，包括地图全幅显示；地图放大；地图缩小；距离量算；面积量算；清除
	公共设施查询	查询公共设施；在地图上添加气泡；在左方展示列表信息；鼠标选中记录；地图上高亮；点击气泡弹出信息
	路灯维修管理	路灯查询，包括点击查询；地图上显示所有路灯；损坏的路灯用不同颜色；在地图右方的列表中展示所有损坏的路灯 路灯登记，包括输入编号；查看该路灯详细信息；如果路灯是正常状态，界面显示报修按钮；如是损坏状态，界面显示修复按钮
	校园路径规划	输入路径规划的起点及终点；点击获取路线；在地图上展示规划路线

5. 实验结果

　　本实验最终成果为 GIS 系统设计文档（数据下载路径：第七章\实验一\成果数据），具体内容如表 7-7 所示。

表 7-7　成果数据

名称	类型	描述
需求规格说明书	docx 文件	GIS 系统需求规格说明书
系统概要设计说明书	docx 文件	GIS 系统概要设计说明书
详细设计说明书	docx 文件	GIS 系统详细设计说明书
数据库设计说明书	docx 文件	GIS 系统数据库设计说明书

五、思考与练习

（1）本实验的 GIS 总体设计采用结构化设计方法，试说明结构化设计方法的基本特征。

（2）GIS 空间数据与属性数据可以分别存储或者一体化存储，请比较两种方式的思路与优缺点。

（3）为了方便后勤作业人员采集、登记信息，平板电脑设备屏幕更大，操作更便捷。假设需要单独制作一套平板电脑设备上使用的系统，请结合 GIS 用户界面设计原则，重新设计校园公共设施采集系统的应用（application，APP）界面，使其适配平板电脑设备。

（4）完善校园公共设施管理地理信息系统除路灯管理模块以外的数据库概念设计及逻辑设计。

实验二　基于 C/S 结构的 GIS 开发

一、实验场景

C/S 结构是一种分布式系统结构，在这种结构下，服务器只集中管理数据，而计算任务分散在客户端上，客户端和服务器之间通过网络协议来进行通信。C/S 结构的网络地理信息系统充分利用分布式计算和高性能网络传输等技术，能满足用户在客户端对海量空间数据进行浏览、计算、分析等业务需求。在政府管理部门、企业单位内部局域网上，采用 C/S 结构构建以地理信息的数据处理、建库、空间分析、专题制图等为主要使用目的的 GIS 应用系统，是目前网络地理信息系统的一个重要应用方向。

开展 C/S 结构的 GIS 应用开发，开发者常常会面临怎样基于系统设计实现既定的开发任务；开发所需的集成环境有哪些，怎么选择；支撑开发的 GIS 软件选哪个，模块如何调用；数据库系统怎么确定，如何调用；GIS 平台开发商有无提供基础性的开发框架可供参考和利用；客户端和服务端的开发侧重于平衡点在哪里，如何才能最好地发挥系统性能等问题。基于 C/S 结构的 GIS 开发实验的学习与实践不仅可以解决这些问题，还将在提高开发者开发水平的同时，为开发者提供相应的开发框架和模板参考。

本实验以"GIS 系统设计"的相关内容为指导，以"C/S 结构的校园公共设施数据管理系统开发"为应用场景，基于 Visual Studio 和组件式 GIS 等开发环境，重点实现以空间数据管理、编辑、分析和制图为主的网络地理信息系统的开发。

二、实验目标与内容

1. 实验目标与要求

（1）了解 GIS 系统开发的基本原理和方法。

（2）熟悉 C/S 结构 GIS 开发的基本流程。

（3）掌握组件式 GIS 软件开发的基本方法。

2. 实验内容

（1）C/S 结构开发环境配置。

（2）系统界面设计与实现。

（3）GIS 系统功能模块实现，包括数据浏览、数据编辑、制图。

三、实验数据与思路

1. 实验数据

本实验数据采用 Campus.udbx 和 Campus.smwu（数据下载路径：第七章\实验二\实验数据），具体使用的数据明细如表 7-8 所示。

表 7-8　数据明细

数据名称	类型	描述
Campus	UDBX	数据源文件
Campus	SMWU	工作空间文件
POIs	点数据集	校园设施点数据集，包括教学楼、师生宿舍、医院、超市等设施的点数据集

续表

数据名称	类型	描述
ATM	点数据集	自动提款机点数据集
BorderTree	点数据集	行道树点数据集
RoadLine	线数据集	校园道路线数据集
AllBuilding	面数据集	校园建筑物面数据集，包括教学办公楼、师生宿舍楼、运动场馆和图书馆等建筑物的面数据集

2. 思路与方法

C/S 结构的校园公共设施数据管理系统主要通过开发环境配置、系统界面实现和系统功能模块实现三个关键步骤构建。

（1）开发环境配置。首先配置 GIS 组件产品环境，其次利用 Visual Studio 开发工具，为校园公共设施数据管理系统创建新项目，并添加对 GIS 组件程序集的引用。

（2）系统界面实现。利用 Visual Studio 工具箱，添加并配置 Windows 窗体和控件，建立 Windows 控件和 GIS 组件间的关联关系。

（3）系统功能模块实现。利用 GIS 组件分别实现对数据浏览、数据编辑和地图制作功能的开发。通过 Workspace、WorkspaceTree、MapControl 和 Map 类提供的属性和方法实现对数据的管理和浏览，通过 MapControl、Layer 和 Dataset 类提供的属性和方法实现对数据的编辑，通过 LayersTree、Layer 和 GeoStyle 类提供的属性和方法实现对图层的管理和风格渲染，通过 ThemeLabel 类提供的属性和方法进一步实现注记图层的制作。

校园公共设施数据管理系统搭建流程如图 7-10 所示。

四、实验步骤

1. 开发环境配置

1）GIS 组件安装注册

校园公共设施数据管理系统是基于 SuperMap iObjects .NET 进行组件式开发实现的，因此首先需要安装和注册 GIS 组件开发环境。以管理员身份运行安装程序 Install_x64.bat 即可完成 GIS 组件开发环境配置，该程序位于 SuperMap iObjects .NET 安装根目录下，如图 7-11 所示。

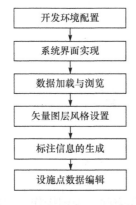

图 7-10　校园公共设施数据管理系统搭建流程图

图 7-11　安装程序

2）新建 Visual Studio 项目

在 Visual Studio 中新建 Windows 窗体应用(.NET Framework)程序，并将项目命名为"CampusManage"，点击"确定"按钮，如图 7-12 所示。

3）配置项目运行环境

新建的 Windows 窗体应用(.NET Framework)程序默认的项目属性均已配置完成，此外还需要在配置管理器中修改项目调试和运行的平台为 x64 的组件平台，如图 7-13 所示。

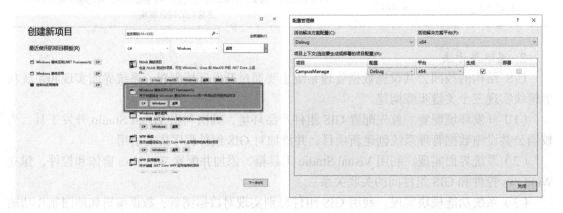

图 7-12　新建 Visual Studio 项目　　　　　　　　　　图 7-13　配置项目运行平台

4）引用动态库

项目引用中已自动添加了 Windows 窗体应用程序开发的基础程序集，但是校园公共设施数据管理系统开发还需要 SuperMap iObjects .NET 提供的程序集的支撑，在项目中添加 SuperMap.Data.dll、SuperMap.Mapping.dll、SuperMap.UI.Controls.dll 三个 GIS 组件核心程序集的引用，如图 7-14 所示。

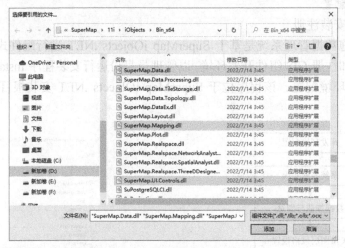

图 7-14　添加核心程序集引用

2. 系统界面实现

1）添加基础控件

校园公共设施数据管理系统包括四个模块，分别是工作空间、地图操作、图层操作和设施管理，系统中的全部控件都可以直接从 Visual Studio 工具箱中拖拽添加到主窗体。

首先添加三个 SplitContainer 拆分控件切割主窗体，进行布局，其次添加 ToolStrip 菜单控件和 ToolStripButton、ToolStripComboBox 等功能控件，再依次修改每个控件的各项属性，得到如图 7-15 所示的界面框架。

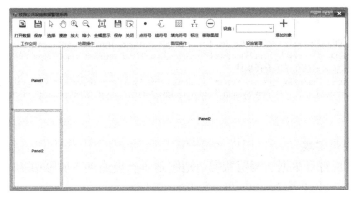

图 7-15　界面框架

2）添加 Windows 控件和 GIS 组件间的关联关系

在主窗体类中，定义工作空间控件 Workspace、地图控件 MapControl、工作空间树控件 WorkspaceTree 和图层树控件 LayersTree 四个全局变量。

在主窗体属性窗口找到事件列表中的加载（Load）事件，双击生成该事件，并在事件响应函数中编写如下代码，绑定 Windows 控件和 GIS 组件，并建立 Workspace 与 WorkspaceTree 之间、Workspace 与 MapControl 之间、MapControl 与 LayersTree 之间的关联。

FormMain.cs

```
public partial class FormMain : Form
{
        private Workspace m_workspace;
        public WorkspaceTree m_workspaceTree;
        private MapControl m_mapControl;
        private LayersTree m_layersTree;
        private Layer m_selectedLayer;
        private Recordset recordset;
        public FormMain()
        {
                InitializeComponent();
        }
        private void FormMain_Load(object sender, EventArgs e)
        {
                //初始化变量
                m_workspace = new Workspace();
                m_workspaceTree = new WorkspaceTree();
                m_mapControl = new MapControl();
                m_layersTree = new LayersTree();
                //panel 绑定相应控件，并设置填充满区域
                this.panel1.Controls.Add(m_workspaceTree);
                m_workspaceTree.Dock = DockStyle.Fill;
                panel1.Dock = DockStyle.Fill;
                this.panel2.Controls.Add(m_layersTree);
                m_layersTree.Dock = DockStyle.Fill;
                panel2.Dock = DockStyle.Fill;
                this.panel3.Controls.Add(m_mapControl);
                m_mapControl.Dock = DockStyle.Fill;
                panel3.Dock = DockStyle.Fill;
                //工作空间树、地图与工作空间关联；图层树与地图关联
```

```
        m_workspaceTree.Workspace = m_workspace;
        m_mapControl.Map.Workspace = m_workspace;
        m_layersTree.Map = m_mapControl.Map;
        //工作空间树节点双击事件；图层树节点点击选择事件
        m_workspaceTree.NodeMouseDoubleClick += new
System.Windows.Forms.TreeNodeMouseClickEventHandler(this.m_workspaceTree_NodeMouseDoubleClick);
        m_layersTree.AfterSelect += new System.Windows.Forms.TreeViewEventHandler(this.m_layersTree_AfterSelect);
        //绑定节点拖拽事件
        m_workspaceTree.ItemDrag += new
System.Windows.Forms.ItemDragEventHandler(this.m_workspaceTree_ItemDrag);
        panel3.DragEnter += new System.Windows.Forms.DragEventHandler(this.m_mapControl_onpanel3DragEnter);
        panel3.DragDrop += new System.Windows.Forms.DragEventHandler(this.m_mapControl_onpanel3DragDrop);
        //添加鼠标移动和松开鼠标委托事件
        m_mapControl.MouseMove += new System.Windows.Forms.MouseEventHandler(this.mapControl_MouseMove);
        m_mapControl.MouseUp += new System.Windows.Forms.MouseEventHandler(this.mapControl_MouseUp);
    }
}
```

3. 系统功能模块实现

本实验主要实现打开数据、浏览数据、地图制作、设施点追加等功能。

1）打开数据

（1）主要接口。打开数据主要涉及工作空间（Workspace）类、地图控件（MapControl）类、地图（Map）类和数据集（Dataset）类等接口，主要接口功能描述如表 7-9 所示。

表 7-9　打开数据主要接口功能描述

主要接口	功能描述
WorkspaceConnectionInfo	工作空间连接信息类，包括建立工作空间连接的所有信息，如所要连接的工作空间类型、服务器名称、数据库名称、用户名、密码等
Workspace	工作空间类，工作空间是用户的工作环境，主要完成数据的组织和管理，包括打开、关闭、创建和保存工作空间。它通过数据源集合（Datasources）对象和地图集合（Maps）对象来管理其下的数据源和地图
WorkspaceTree	工作空间树类，该类通过可视化的树状结构来展现工作空间中的数据内容，从而便于对工作空间中所保存的数据内容进行查看和管理
Maps	地图集合类，该类存储地图集合对象所在工作空间中保存的所有地图，用于管理一个工作空间中的所有地图，管理工作包括添加、删除、修改等
Map	地图类，管理地图显示环境的类。地图由一个或多个图层组成，它通过其图层集合（Layers）对象来管理其中的所有图层
MapControl	地图控件类，当一个地图对象与一个地图控件相关联，该地图控件即可以对该地图对象进行显示，同时为可视化编辑该地图所引用的数据提供途径
Datasources	数据源集合类，对工作空间中的数据源进行管理的类，管理工作包括创建、打开、关闭数据源等
Datasource	数据源类，用于管理数据源投影信息、数据源与数据库的连接信息和对其中的数据集的相关操作的类
Dataset	数据集类，数据集是 GIS 数据组织的最小单位，是所有数据集类型的基类，提供各种数据集共有的属性、方法和事件

（2）打开工作空间代码实现。在"打开数据"按钮的点击（Click）事件中，编写代码，实现点击"打开数据"按钮后，选择某一工作空间文件，即可打开该工作空间，并将其中的数据内容展示在工作空间树当中，关键代码如下。

FormMain.cs

```
private void tsBtn_Opendata_Click(object sender, EventArgs e)
{
  OpenFileDialog openFileDialog = new OpenFileDialog();
  openFileDialog.Filter = "SuperMap 工作空间文件(*.smwu)|*.smwu|SuperMap 工作空间文件(*.sxwu)|*.sxwu";
  if (openFileDialog.ShowDialog() == DialogResult.OK)
  {
    m_mapControl.Map.Close();
    m_workspace.Close();
    String fileName = openFileDialog.FileName;
    WorkspaceConnectionInfo wsinfo = new WorkspaceConnectionInfo(fileName);
    if (m_workspace.Open(wsinfo))
    {
      m_workspaceTree.Refresh();
      m_mapControl.Refresh();
      m_layersTree.Refresh();
    }
  }
}
```

（3）打开地图或数据集代码实现。在工作空间树控件的双击节点（NodeMouseDoubleClick）事件函数中，编写代码，实现鼠标双击工作空间树下面的某一数据集或地图节点后，在右边的地图窗口中打开该数据集或地图。打开数据集的过程主要通过图层集合（Layers）对象的 Add 方法实现，而打开地图的过程主要通过地图（Map）对象的 Open 方法实现，关键代码如下。

FormMain.cs

```
private void m_workspaceTree_NodeMouseDoubleClick(object sender, TreeNodeMouseClickEventArgs e)
{
            TreeNode treenode = m_workspaceTree.SelectedNodes[0];
            if (treenode.Parent == m_workspaceTree.MapsNode)
            {
                m_mapControl.Map.Close();
                String mapName = treenode.Text;
                bool sign = m_mapControl.Map.Open(mapName);
                if (!sign)
                {
                    MessageBox.Show("打开地图失败!");
                    return;
                }
                m_mapControl.Map.ViewEntire();
            }
            else if (treenode.Parent.Parent == m_workspaceTree.DatasourcesNode)
            {
                m_mapControl.Map.Close();
                String datasetName = treenode.Text;
                String datasourceName = treenode.Parent.Text;
                Datasource datasource = m_workspace.Datasources[datasourceName];
                Dataset dataset = datasource.Datasets[datasetName];
                m_mapControl.Map.Layers.Add(dataset, true);
                m_mapControl.Map.ViewEntire();
            }
}
```

2）浏览数据

（1）主要接口。实现校园地图的互操作浏览（选择、平移、放大和缩小）主要借助 SuperMap.Mapping.dll 核心库提供的地图操作状态（Action）枚举类，该枚举类定义了地图的操作状态类型常量。实现全幅显示或关闭地图主要借助地图（Map）对象提供的方法，保存地图主要借助工作空间中地图集合（Maps）对象提供的方法，如表 7-10 所示。

表 7-10　浏览数据主要接口及其成员、功能描述

主要接口	主要成员	功能描述
Action	Select	点击选择对象
	Pan	漫游地图
	ZoomIn	放大地图
	ZoomOut	缩小地图
Map	ViewEntire	全幅显示地图
	Close	关闭当前地图
Maps	SetMapXML	用指定 XML 字符串表示的地图来替换地图集合中已有的地图内容
	Add	添加地图到此地图集合对象中

（2）浏览地图代码实现。在"选择""漫游""放大""缩小"按钮的点击（Click）事件函数中，编写代码，实现点击按钮后，切换鼠标对地图的操作状态为相应的模式。此类功能通过设置地图控件（MapControl）的 Action 属性即可实现，关键代码如下。

```
                                FormMain.cs
private void tsBtn_Select_Click(object sender, EventArgs e)
{
  m_mapControl.Action = SuperMap.UI.Action.Select;
}
private void tsBtn_Pan_Click(object sender, EventArgs e)
{
  m_mapControl.Action = SuperMap.UI.Action.Pan;
}
private void tsBtn_Zoomin_Click(object sender, EventArgs e)
{
  m_mapControl.Action = SuperMap.UI.Action.ZoomIn;
}
private void tsBtn_Zoomout_Click(object sender, EventArgs e)
{
  m_mapControl.Action = SuperMap.UI.Action.ZoomOut;
}
```

3）地图制作

（1）主要接口。地图由图层组成，因此添加并渲染每一个图层是地图制作的一个重要环节，本实验以点、线、面三种矢量图层的风格设置及注记图层的制作为例。实现矢量图层风格设置主要借助符号选择器（SymbolDialog）类、几何风格（GeoStyle）类和矢量图层设置（LayerSettingVector）类，实现注记图层的制作主要借助矢量数据集（DatasetVector）类、字段信息（FieldInfo）类、标签专题图层（ThemeLabel）类和文本风格（TextStyle）类，如表 7-11 所示。

表 7-11　地图制作主要接口功能描述

主要接口	功能描述
SymbolDialog	符号选择器类，以界面交互的方式设置符号风格，包括点符号、线型符号和填充符号风格
GeoStyle	几何风格类，用于定义点状符号、线状符号、填充符号风格及其相关属性
LayerSettingVector	矢量图层设置类，用于为矢量图层设置单一的符号或显示风格的类
DatasetVector	矢量数据集类，用于矢量数据的管理和操作，主要包括数据查询、修改、删除、建立索引等

主要接口	功能描述
FieldInfo	字段信息类，存储字段的名称、类型、默认值和长度等相关信息
ThemeLabel	标签专题图层类，以图层属性中的某个字段（或者多个字段）对点、线、面等对象进行标注
TextStyle	文本风格类，用于设置文本对象显示风格的类
DatasetType	数据集类型枚举类。数据集是同类空间数据的集合，根据数据类型的不同，分为矢量数据集、栅格数据集和影像数据集，以及为了处理特定问题而设计的具有网络拓扑关系的数据集等。根据要素的空间特征的不同，矢量数据集又分为点数据集、线数据集、面数据集、CAD数据集、文本数据集、纯属性数据集等

（2）渲染点图层代码实现。在"点符号"按钮的点击（Click）事件函数中，编写代码，实现选中某一点图层后，点击"点符号"按钮，弹出点符号选择器（SymbolDialog），通过点符号选择器，从工作空间资源库中选取某一种点符号渲染该图层，关键代码如下。

```
                                    FormMain.cs
private void tsBtn_PointStyle_Click(object sender, EventArgs e)
{
 if (m_selectedLayer == null || m_selectedLayer.Theme != null || m_selectedLayer.Dataset.Type != DatasetType.Point)
 {
  MessageBox.Show("请先选中一个点图层！ ");
  return;
 }
// 构造一个点几何风格对象，作为点符号选择器默认的符号风格
GeoStyle geoStyle = new GeoStyle();
geoStyle.LineColor = Color.Blue;
geoStyle.MarkerSymbolID = 0;
GeoStyle styleP = SymbolDialog.ShowDialog(m_workspace.Resources, geoStyle, SymbolType.Marker);
if (styleP == null) { return; }
else
{
  LayerSettingVector lsvPoint = new LayerSettingVector();
  lsvPoint.Style = styleP;
  m_selectedLayer.AdditionalSetting = lsvPoint;
  m_mapControl.Map.Refresh();
}
}
```

（3）制作注记图层代码实现。在"标注"按钮的点击（Click）事件函数中，编写代码，实现选中某一矢量图层后，以该图层对应的数据集中的地物名称（Name）字段为数据来源，生成标签专题图层（ThemeLabel）类，设置该图层中文本的风格，并将该图层添加到地图中，关键代码如下。

```
                                    FormMain.cs
private void tsBtn_Label_Click(object sender, EventArgs e)
{
 DatasetVector dataset = m_selectedLayer.Dataset as DatasetVector;
 if (dataset != null)
 {
  bool c = false;
  ThemeLabel themeLabel = new ThemeLabel(); ;
  for (int i = 0; i < dataset.FieldCount; i++)
  {
   FieldInfo info = dataset.FieldInfos[i];
   c = (String.Compare(info.Caption, "Name") == 0);
   if (c) break;
  }
```

```
if (c)
{
 themeLabel.LabelExpression = "Name";
 TextStyle textStyle = new TextStyle();
 switch (m_selectedLayer.Dataset.Type)
 {
  case DatasetType.Point:
   textStyle.Alignment = TextAlignment.MiddleLeft;
   textStyle.ForeColor = Color.FromArgb(107, 106, 106);
   textStyle.BackColor = Color.FromArgb(255, 255, 255);
   textStyle.FontName = "微软雅黑";
   textStyle.Bold = true;
   textStyle.Outline = true;
   textStyle.FontHeight = 3.5;
   textStyle.IsSizeFixed = true;
   break;
  case DatasetType.Line:
   textStyle.Alignment = TextAlignment.MiddleCenter;
   textStyle.ForeColor = Color.FromArgb(107, 106, 106);
   textStyle.BackColor = Color.FromArgb(255, 255, 255);
   textStyle.FontName = "微软雅黑";
   textStyle.FontHeight = 4;
   textStyle.IsSizeFixed = true;
   break;
  case DatasetType.Region:
   textStyle.Alignment = TextAlignment.MiddleCenter;
   textStyle.ForeColor = Color.FromArgb(153, 108, 52);
   textStyle.BackColor = Color.FromArgb(255, 255, 255);
   textStyle.FontName = "微软雅黑";
   textStyle.Bold = true;
   textStyle.Outline = true;
   textStyle.FontHeight = 3.5;
   textStyle.IsSizeFixed = true;
   break;
 }
 themeLabel.UniformStyle = textStyle;
 m_mapControl.Map.Layers.Add(dataset, themeLabel, true);
 m_mapControl.Map.Refresh();
}
else
{
 themeLabel.Dispose();
 MessageBox.Show("该图层没有 Name 注记信息！ ");
 return;
 }
 }
}
```

4）设施点追加

（1）主要接口。实现通过鼠标交互操作，向地图中追加设施点的功能。主要借助图层
（Layer）类将图层所引用的数据集设置为可编辑状态，借助矢量数据集（DatasetVector）类获
取到该数据集对应的记录集，借助地图操作状态（Action）枚举类将鼠标对地图的操作状态
设为创建点，最后借助记录集（Recordset）类更新数据，如表 7-12 所示。

表 7-12　设施点追加主要接口及其成员、功能描述

主要接口	主要成员	功能描述
Layer	IsVisible	获取或设置此图层是否可见
	IsSelectable	获取或设置图层中对象是否可以被选择
	IsEditable	获取或设置图层是否处于可编辑状态，即是否可以对图层所引用的数据进行修改
DatasetVector	GetRecordset	根据给定的参数来返回空的记录集或者返回包括所有记录的记录集对象

续表

主要接口	主要成员	功能描述
Action	CreatePoint	画点
Recordset	Update	提交对记录集的修改，包括添加、修改、删除记录等操作

（2）追加设施点代码实现。在"添加对象"按钮的点击（Click）事件函数中，编写代码，实现以鼠标绘制的方式向目标图层中追加点对象，并将绘制的点更新到对应的数据集中，关键代码如下。

```
                                    FormMain.cs
private void tsBtn_AddObject_Click(object sender, EventArgs e)
{
  if (tsComBox_Layer.Text != null)
  {
    m_selectedLayer.IsEditable = true;
    DatasetVector datasetVector = m_mapControl.Map.Layers[tsComBox_Layer.Text + "@Campus"].Dataset as DatasetVector;
    Recordset recordset = datasetVector.GetRecordset(false, CursorType.Dynamic);
    m_mapControl.Action = SuperMap.UI.Action.CreatePoint;
    m_mapControl.MouseMove += mapControl_MouseMove;
    m_mapControl.MouseUp += mapControl_MouseUp;
  }
  else
  {
    MessageBox.Show("请先选择要添加的设施类型！ ");
    return;
  }
}
private void mapControl_MouseMove(object sender, System.Windows.Forms.MouseEventArgs e)
{
  bool pMouse = false;
  pMouse = m_mapControl.ClientRectangle.Contains(e.Location);
  if (!pMouse) { m_mapControl.Action = SuperMap.UI.Action.Select; }
}
private void mapControl_MouseUp(object sender, System.Windows.Forms.MouseEventArgs e)
{
  if (e.Button == MouseButtons.Right)
  {
    m_mapControl.Action = SuperMap.UI.Action.Select;
    recordset.Update();
  }
}
```

本书仅列举部分代码，查看全部代码请参考成果数据（数据下载路径：第七章\实验二\成果数据）。

4. 实验结果

本实验最终成果为 C/S 结构的 GIS 系统——校园公共设施数据管理系统（数据下载路径：第七章\实验二\成果数据），具体内容如表 7-13 所示。

表 7-13　成果数据

名称	类型	描述
Debug	文件夹	程序输出路径，包括应用程序、引用的库文件、资源文件等
CampusManage	文件夹	系统源代码

运行 Debug 文件夹中的 CampusManage.exe 应用程序，测试实验结果，最终效果如图 7-16

所示。此外，还可以在 Visual Studio 中打开 CampusManage 文件夹中*.csproj 格式的项目文件，调试并改进源程序，自主设计并扩展开发出更多符合校园公共设施数据管理需求的功能模块。

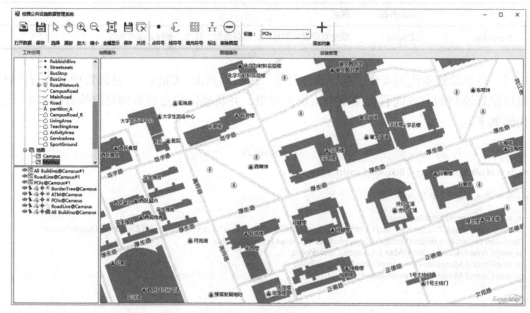

图 7-16　实验结果

五、思考与练习

（1）简述 C/S 结构的 GIS 系统开发方法。

（2）简述组件式 GIS 开发的基本原理。

（3）打开地图进行数据编辑需要哪几个关键步骤？

（4）举例说明基于组件式 GIS 开发平台如何实现对校园公共设施空间数据属性信息的编辑操作。

实验三 基于 B/S 结构的 GIS 开发

一、实验场景

B/S 结构可以理解为是对 C/S 体系结构的改变和促进，是 Web 兴起后的一种网络架构模式，它将标准的 Web 浏览器作为客户端的应用软件，通过 Web Server 同数据库进行数据交互，这样简化了系统的开发、维护和使用。基于 B/S 结构的网络 GIS 使原来基于单机或局域网的 GIS 扩展到整个因特网，提高了 GIS 的使用范围，降低了 GIS 的开发成本，为地理信息资源的开发与利用提供了一个功能强大而又方便有效的途径。特别是当前随着在线互联网电子地图平台的推广和应用，基于 B/S 结构的 GIS 已经成为网络地理信息系统的主要应用方向。

开展 B/S 结构的 GIS 应用开发，开发者常常会面临怎样基于系统设计实现既定的开发任务；开发所需的集成环境有哪些，怎么选择；支撑开发的 GIS 软件选哪个，脚本和服务有哪些，如何集成和调用；Web 服务器有哪些，如何选择，如何部署和优化；GIS 服务器怎样安装，地图服务如何构建和部署；开发好的系统怎么进行部署，系统如何调优等问题。通过基于 B/S 结构的 GIS 开发实验的学习与实践，不仅可以解决这些问题，还将在提高开发者开发水平的同时，为开发者提供相应的开发框架和模板参考。

本实验以 "GIS 系统设计" 的相关内容为指导，以 "B/S 结构的校园公共设施数据发布系统开发" 为应用场景，基于 JavaScript 客户端应用程序接口（application program interface，API）开发包和 GIS 服务器软件等开发环境，重点实现以空间数据查看、查询、统计等为主的网络地理信息系统的开发。

二、实验目标与内容

1. 实验目标与要求

（1）了解 B/S 网络结构模式的工作原理。

（2）掌握 GIS 数据发布的操作方法。

（3）了解 WebGIS 系统开发流程。

（4）掌握 GIS 平台软件基础功能的开发接口和用法。

2. 实验内容

（1）网络地理服务的发布。

（2）系统界面设计与实现。

（3）系统功能开发，包括地图展示、地物查询等。

（4）WebGIS 系统部署。

三、实验数据与思路

1. 实验数据

本实验数据采用 Campus.udbx 和 Campus.smwu（数据下载路径：第七章\实验三\实验数据），具体使用的数据明细如表 7-14 所示。

表 7-14　数据明细

数据名称	类型	描述
Campus	UDBX	数据源文件
Campus	SMWU	工作空间文件
Campus	地图	Campus 工作空间中的校园基础地图（二维电子地图）
ActivityArea	面数据集	活动区数据集，包括球场、广场和运动场等活动场所的面数据集
LivingArea	面数据集	住宿区数据集，包括学生宿舍、教师宿舍和宾馆等建筑物的面数据集
TeachingArea	面数据集	教学楼数据集，包括各院系教学楼、实验楼、行政楼的面数据集
POIs	点数据集	校园设施点数据集，包括教学楼、师生宿舍、医院、超市等设施的点数据集
StreetLights	点数据集	校园路灯设施数据集
RoadNetwork	网络数据	校园道路网络数据集

2. 思路与方法

B/S 结构的校园公共设施数据发布系统主要包含空间数据服务发布、系统界面实现、系统功能模块实现、系统部署四个关键步骤。

（1）空间数据服务发布。利用 GIS 服务器软件的服务管理工具，对校园公共设施空间数据进行配置，发布地图服务、数据服务、网络分析服务。

（2）系统界面实现。基于 HTML+CSS 基础框架，结合 JQuery 插件及 Bootstrap 组件实现系统界面。

（3）系统功能模块实现。利用 GIS 软件的 JavaScript API 实现校园公共设施数据浏览、数据查询、网络分析等功能。通过 Map 和 TiledMapLayer 类的属性和方法实现对电子地图的浏览；通过 FeatureService 类的 getFeaturesBySQL 和 getFeaturesByIDs 方法实现对数据的查询；通过 FeatureService 类的 editFeatures 方法实现对数据的编辑；通过 NetworkAnalystService 类的 findPath 方法实现路径规划。

（4）系统部署。利用 Web 服务器 Tomcat，发布 WebGIS 系统。

校园综合管理系统 Web 端搭建流程如图 7-17 所示。

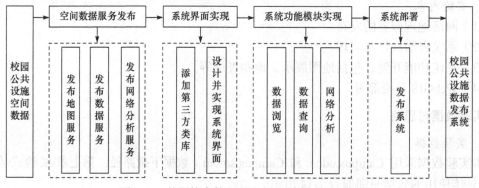

图 7-17　校园综合管理系统 Web 端搭建流程图

四、实验步骤

1. 校园公共设施空间数据的发布

1）启动 SuperMap iServer 服务

在 SuperMap iServer 安装目录\bin 下，双击"startup.bat"，弹出 DOS 命令窗口，显示启动 iServer 服务器的日志信息，如图 7-18 所示。

图 7-18　启动 iServer 服务

服务启动成功，在浏览器中输入"http://localhost:8090/iserver/manager"，登录 iServer 服务管理工具页面，如图 7-19 所示。

图 7-19　SuperMap iServer 服务管理器

2）发布网络 GIS 服务

在服务管理工具页面左侧首页选项中点击"快捷操作"中的"快速发布"，在"选择数据来源"下拉框中选择"文件型工作空间"，如图 7-20 所示。

点击"下一步"按钮，在出现的"配置数据"窗口中点击"选择"按钮，在"选择文件路径"窗口中，找到所需发布的工作空间，点击选中，再点击"确定"按钮。点击"下一步"按钮，在"选择服务类型"窗口中勾选"REST-地图服务"和"REST-数据服务"，如图 7-21 所示，依次点击"下一步"按钮完成服务发布。

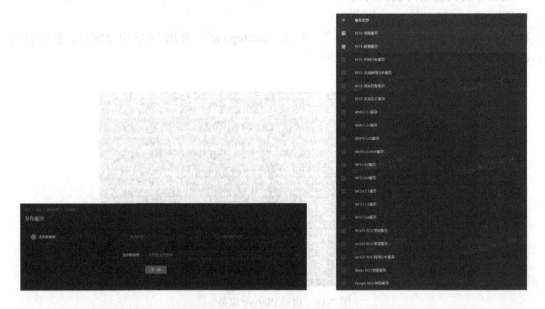

图 7-20 发布服务   图 7-21 选择发布服务的类型

2. 系统界面实现

依据本章实验一 GIS 系统设计中有关界面设计的内容，构建校园公共设施数据发布系统界面，主要包括搜索区、地图展示区、功能模块区、版权等。界面搭建可以借助第三方前端开发框架 Bootstrap，基于 Bootstrap 开发构建的界面如图 7-22 所示。

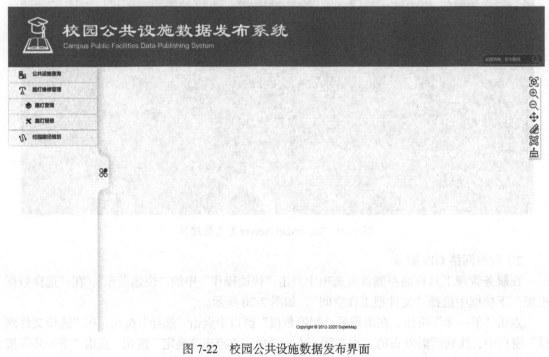

图 7-22 校园公共设施数据发布界面

具体界面实现代码如下。

```
                                          index.html
<!DOCTYPE html>
<html lang="en">
  <head>
    <meta charset="UTF-8">
    <title>校园公共设施数据发布系统</title>
    <link rel='stylesheet' href='js/bs/css/bootstrap.css'>
    <link rel="stylesheet" href="js/css/demo1.css">
    <script type="text/javascript" src="js/jquery.min.js"></script>
    <script src='js/bs/js/bootstrap.js'></script>
  </head>
  <body>
    <div style="width: 100%;height: 18.5%;background: #8cab6e;background-image: url('img/head_background.jpg');background-
size: cover;background-repeat: no-repeat;background-position:center center;position: relative;min-width: 1770px;min-height: 154px;">
    </div>
    <aside class="box" id="test">
    <div style="width: 320px;height: 100%;background: #f8f8f8;position: absolute;box-shadow: 2px 0px 22px 3px rgba
(115,115,115,0.2)">
    <div class="panel-group" id="accordion" role="tablist" aria-multiselectable="true">
    <!-- 公共设施查询 -->
    <div class="panel panel-default">
    <div style="width: 10px;height: 50px;background: #8BA96E;float: left;display: none;" id="ldcxdiv"></div>
    <div class="panel-heading" role="tab" id="headingOne">
    <div class="panel-title" role="button" data-toggle="collapse" data-parent="#accordion" href="#collapseOne" aria-
expanded="false" aria-controls="collapseOne" style="height: 30px;" id="ldcxclick">
    <img src="img/query.png" style="margin-left: 20px;float: left;width:30px;height:30px">
    <a class="collapsed" style="margin-left: 20px;font-size:17px;font-weight:bold;color: #666666;margin-top: 20px;text-
decoration:none">公共设施查询</a></div></div>
    <div id="collapseOne" class="panel-collapse collapse" role="tabpanel" aria-labelledby="headingOne">
    <div class="panel-body" id="querydiv">
    <div class="input-group" style="margin-bottom: 10px;">
    <input type="text" class="form-control" placeholder="如建筑物、校车路线" aria-describedby="basic-addon2" id="jianzhu">
    <span class="input-group-addon" style="cursor: pointer;color: #333;font-weight: bold;" onclick="globalsearch1()">查询
</span></div>
    <div id="biao" style="width: 100%;display: none;padding: 10px;margin:0;height: 100%;">
    <div class="overflow:auto row pre-scrollable" style="overflow: auto;width: 100%;margin-left: 0px;height: 100%;">
    <table class="table table-bordered" style="width: 100%;height: 100%;margin:0;">
    <tbody id="biaodan" style="overflow: auto;width: 100%;height: 100%;"></tbody>
    </table>
    </div>
    </div>
    </div>
    </div>
    </div>
    <!-- 公共设施查询 -->
......
</html>
```

本书仅列举部分代码，查看全部代码请参考成果数据（数据下载路径：第七章\实验三\成果数据）。

3. 系统功能模块实现

系统功能模块的实现可直接基于界面设计的成果框架，在对应的模块下实现相应的 GIS 功能，本次实验主要实现几个功能，包括地图浏览、搜索、路灯管理等。

说明：本书仅列举部分代码，查看全部代码请参考成果数据（数据下载路径：第七章\实验三\成果数据），下文中代码框中"……"均表示页面的其他代码省略。

1）校园地图浏览

（1）主要接口。地图浏览主要接口包括 Map 类、TiledMapLayer 等，主要接口功能描述如表 7-15 所示。

表 7-15　地图浏览主要接口功能描述

主要接口	功能描述
L.map	API 的中心类——用于在页面上创建地图并操作它
L.supermap.TiledMapLayer	SuperMap iServer 的 REST 地图服务的图层。使用 TileImage 资源出图

（2）地图浏览代码实现。在"index.html"页面中添加 SuperMap iClient for Leaflet 脚本库的引用，再调用 SuperMap 对象实现地图数据的加载显示。具体代码如下。

```
index.html
<head>
<title>校园公共设施管理地理信息系统</title>
......
<script src='js/bs/js/bootstrap.js'></script>
<script src="dist/leaflet/include-leaflet.js"></script>
</head>
```

地图展示的代码如下。

```
Facility_Query.js
var map, url ="http://localhost:8090/iserver/services/map-Campus/rest/maps/Campus";
map = L.map（'map', {
crs: L.CRS.EPSG4326,
center: [ 32.108, 118.908],
zoom: 14
}）;
L.supermap.TiledMapLayer(url).addTo(map);
```

地图展示效果如图 7-23 所示。

图 7-23　地图展示

2）公共设施查询

公共设施查询功能实现对校园 POI 数据的检索。在搜索框中输入关键字，点击"查询"按钮，将查询结果显示在页面左侧导航栏的查询面板中，通过点击查询结果列表，在地图上高亮查询结果。

（1）主要接口。公共设施查询主要接口包括数据集 SQL 查询参数类、要素数据服务类等，主要接口功能描述如表 7-16 所示。

表 7-16　公共设施查询主要接口功能描述

主要接口	功能描述
GetFeaturesBySQLParameters	数据服务中数据集 SQL 查询参数类
FilterParameter	查询过滤条件参数类。该类用于设置查询数据集的查询过滤参数
FeatureService	要素数据服务类。包含 ID 查询、范围查询、SQL 查询、几何查询、bounds 查询、缓冲区查询、地物编辑
L.geoJSON	表示 GeoJSON 对象或 GeoJSON 对象数组。可以解析 GeoJSON 数据并在地图上显示它

（2）全局搜索代码实现。调用数据服务进行查询，具体代码如下。

```
                                    Facility_Query.js
//全局搜索
function globalsearch(){
var value=$('#quanju').val().toString();
var sqlParam = new L.supermap.GetFeaturesBySQLParameters({
    queryParameter: {
        name: "POIs@Campus",
        attributeFilter: "Name like '%" + $('#quanju').val().toString() + "%'"
    },    // 需要查询的数据集
    datasetNames: ["Campus:POIs","Campus:BusStop","Campus:RoadLine","Campus:All_Building"]
    } );
    new L.supermap.FeatureService(url2).getFeaturesBySQL(sqlParam, function (serviceResult) {
    resultLayer=L.geoJSON(serviceResult.result.features).addTo(map).bindPopup(value);});
```

全局搜索效果如图 7-24 所示。

图 7-24　全局搜索效果图

3）路灯维修管理

路灯维修管理模块包括路灯查询、路灯报修两个部分。

路灯查询：点击"查询"按钮，展示所有损坏的路灯，点击某一条路灯记录，可以在地图中定位，并查看路灯信息。

路灯报修：在搜索框中输入路灯编号，点击"查询"按钮，获得该路灯的详细信息描述，如损坏情况、材质等信息。点击"报修"或者"修复"按钮，修改路灯状态。

（1）主要接口。路灯维修管理主要接口包括数据集 SQL 查询参数类、数据集 ID 查询参数类、数据集 ID 查询服务和编辑要素参数类等，主要接口功能描述如表 7-17 所示。

表 7-17　路灯维修管理主要接口功能描述

主要接口	功能描述
GetFeaturesBySQLParameters	数据服务中数据集 SQL 查询参数类
GetFeaturesByIDsParameters	数据服务中数据集 ID 查询参数类
FeatureService.getFeaturesByIDs	数据集 ID 查询服务
EditFeaturesParameters	数据服务中数据集添加、修改、删除参数类

（2）路灯查询代码实现。查询所有损坏路灯的详细信息，具体代码实现如下。

Streetlamp_Management.js

```
// 损坏路灯查询
function queryall(){
    new L.supermap.FeatureService(url2).getFeaturesBySQL(sqlParam,
    function(serviceResult) {
        var r = serviceResult.result.features.features;
        for (i = 0; i < serviceResult.result.features.features.length; i++) {
            if (r[i].properties.ISBROKEN == '否') {
                var myIcon = L.icon({
                    iconUrl: 'img/streetlight2.png',
                    iconSize: [45],
                    iconAnchor: [17, 20]
                });
                var content = '<span>' + r[i].properties.ROADNAME + '</span>';
                var point = L.point(20, 20);
                var popup = L.popup({
                    closeButton: true
                }).setLatLng([r[i].properties.SMY, r[i].properties.SMX]).setContent(content);
                var layer = L.marker([r[i].properties.SMY, r[i].properties.SMX], {
                    icon: myIcon
                }).bindPopup(popup);
                layers.push(layer);
            } else if (r[i].properties.ISBROKEN == '是') {
                var myIcon = L.icon({
                    iconUrl: 'img/bsl.png',
                    iconSize: [35],
                    iconAnchor: [15.81, 51.4]
                });
                var content = '<span style="font-size:15px;font-weight:bold;">道路 ID:</span>' + '<span style="font-size:15px;font-weight:bold;">' + r[i].properties.ID + '</span>' + '<br>' + '<span style="font-size:15px;font-weight:bold;">道路名:</span>' + '<span style="font-size:15px;font-weight:bold;">' + r[i].properties.ROADNAME + '</span>' + '<br>' + '<span style="font-size:15px;font-weight:bold;">修建日期:</span>' + '<span style="font-size:15px;font-weight:bold;">' + r[i].properties.P_DATE + '</span>' + '<br>' + '<span style="font-size:15px;font-weight:bold;">材质:</span>' + '<span style="font-size:15px;font-weight:bold;">' + r[i].properties.TYPE + '</span>' + '<br>' + '<span style="font-size:15px;font-weight:bold;">高度:</span>' + '<span style="font-size:15px;font-weight:bold;">' + r[i].properties.高度 + '</span>';
                var point = L.point(20, 20);
                var popup = L.popup({
                    closeButton: true,
                    offset: L.point(0, -35)
                }).setLatLng([r[i].properties.SMY, r[i].properties.SMX]).setContent(content);
```

```
        var layer2 = L.marker([r[i].properties.SMY, r[i].properties.SMX], {
            highlight: "permanent",
            icon: myIcon
        }).bindPopup(popup);
}
```

路灯查询效果如图 7-25 所示。

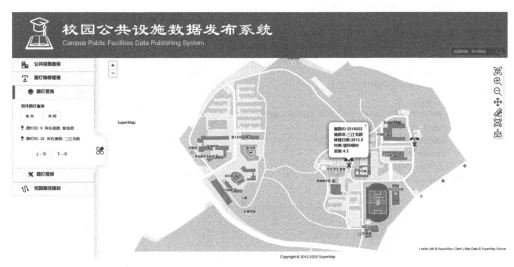

图 7-25　路灯查询

（3）通过 ID 查询路灯代码实现。查询指定路灯的详细信息，具体代码实现如下。

ldgl.js

```
//查询指定路灯信息
function queryid(){
    var innerHTMLString;
    var tt=document.getElementById("mytable");
      $("#mytable").find("ul").remove();
      $("#mytable").find("LI").remove();
    var idsParam = new L.supermap.GetFeaturesByIDsParameters({
            datasetNames: ["Campus:StreetLights"],
            IDs: [$('#bianhao').val()]
        });
    new L.supermap
        .FeatureService(url2)
        .getFeaturesByIDs(idsParam, function (serviceResult) {
            var r=serviceResult.result.features.features;
            var table=document.createElement("ul");
            if(r[0].properties.ISBROKEN=='是'){
table.innerHTML='<li>路灯 ID：'+r[0].properties.ID +'</li>'+'<li>是否损坏：'+r[0].properties.ISBROKEN +'</li>'+'<li>所在道
路：'+r[0].properties.ROADNAME +'</li>'+'<li>路灯高度：'+r[0].properties.高度+'</li>'+'<li>修建日期：
'+r[0].properties.P_DATE+'</li>'+'<center><button onclick="Guarantee()" class="btn btn-success">修复</button></center>';
            }else{
                table.innerHTML='<li>路灯 ID：'+r[0].properties.ID +'</li>'+'<li>是否损坏：'+r[0].properties.ISBROKEN
+'</li>'+'<li>所在道路：'+r[0].properties.ROADNAME +'</li>'+'<li>路灯高度：'+r[0].properties.高度 +'</li>'+'<li>修建日期：
'+r[0].properties.P_DATE+'</li>'+'<center><button onclick="repair()" class="btn btn-success">保修</button></center>';
            }
                table.setAttribute('a',r[0].properties.SMY);
            table.setAttribute('b',r[0].properties.SMX);
            tt.appendChild(table);
        });
}
```

（4）路灯报修代码实现。"报修"按钮触发修改路灯属性信息的功能，具体代码实现如下。

```
ldgl.js

function repair(){
    var idsParam = new L.supermap.GetFeaturesByIDsParameters({
            IDs: [$('#bianhao').val()],
            datasetNames: ["Campus:StreetLights"]
    });
        new L.supermap.FeatureService(url2).getFeaturesByIDs(idsParam, function (serviceResult) {
            var    resultLayer = L.geoJSON(serviceResult.result.features);
            var y=resultLayer.toGeoJSON();
                var c=y.features[0];
                c.properties={ISBROKEN: '是'};
            console.log(c);
                var param = new L.supermap.EditFeaturesParameters({
                    dataSourceName: "Campus",
                    dataSetName: "StreetLights",
                    features: c,
                    editType: "update"
                    // returnContent: true
                });
            new L.supermap.FeatureService(url2).editFeatures(param, function(result){
                    alert('报修成功!');
                    $("#mytable").find("ul").remove();
                });
            });
}
```

路灯报修效果如图 7-26 所示。

图 7-26　路灯报修效果

4）校园路径规划

在输入框中输入起点及终点，点击"获取路线"按钮，获得起点及终点之间的最佳路线。

（1）主要接口。路径规划主要接口，包括数据集 SQL 查询参数类、要素数据集类等，主要接口功能描述如表 7-18 所示。

表 7-18 路径规划主要接口功能描述

主要接口	功能描述
getFeaturesBySQL	数据服务中数据集 SQL 查询服务
FeatureService	要素数据集类
NetworkAnalystService	网络分析服务类
TransportationAnalystParameter	交通网络分析通用参数类
FindPathParameters	最佳路径分析参数类
findPath	最佳路径分析服务：在网络数据集中指定一些节点，按照节点的选择顺序，顺序访问这些节点从而求解起止点之间阻抗最小的路径

（2）路径规划代码实现。

```
                                    FindPath.js
function findpath() {
 var findPathService = new L.supermap. NetworkAnalystService (url4);
        //创建最佳路径分析参数实例
        var resultSetting = new L.supermap.TransportationAnalystResultSetting({
            returnEdgeFeatures: true,
            returnEdgeGeometry: true,
            returnEdgeIDs: true,
            returnNodeFeatures: true,
            returnNodeGeometry: true,
            returnNodeIDs: true,
            returnPathGuides: true,
            returnRoutes: true
        });
        var analystParameter = new L.supermap.TransportationAnalystParameter({
            resultSetting: resultSetting
        });
        var findPathParameter = new L.supermap.FindPathParameters({
            isAnalyzeById: false,
            nodes: [L.point(startx, starty), L.point(endx, endy)],
            parameter: analystParameter
        });
        var myIcon = L.icon({
            iconUrl: "img/walk.png",
            iconSize: [20, 20]
        });
        //进行查找
        findPathService.findPath(findPathParameter,
        function(serviceResult) {
            var result = serviceResult.result;
            if (result.pathList.length == 0) {
                alert('未检索到路线，请尝试其他方案');
            } else {
                result.pathList.map(function(result) {
                    route.addData(result.route);
                    map.addLayer(route);
                    routepng = L.geoJSON(result.pathGuideItems, {
                     pointToLayer: function(geoPoints, latlng) {
                            var q = L.marker(latlng, {
                                icon: myIcon
                            });
                            layertest.push(q);
                            myGrouptest = L.layerGroup(layertest);
                            map.addLayer(myGrouptest);
                        },
                        filter: function(geoJsonFeature) {
```

```
        if (geoJsonFeature.geometry && geoJsonFeature.geometry.type === 'Point') {
                return true;
            }
            return false;
        }
    });
    map.addLayer(routepng);
    myGroupend.addLayer(layerend20);
    myGroupend.addLayer(layerend22);
    map.addLayer(myGroupend);
})
    }
});
```

路径规划效果如图 7-27 所示。

图 7-27　路径规划效果图

4. 系统部署

WebGIS 应用程序的部署是借助 Web 服务器（也称为中间件），将应用系统的文档发布到网络上。本实验采用 Tomcat 发布系统。

1）安装和配置 Tomcat

（1）安装 JDK。安装 Apache Tomcat 之前必须先安装 JDK。可以从 Oracle 官网获取 JDK 版本，直接按照安装向导的提示安装，安装时注意选择不带括号及空格的安装路径。在系统环境变量中新建 JAVA_HOME 变量，变量值填写 jdk 的安装目录。修改 Path 变量，在变量值最后输入 "%JAVA_HOME%\bin;"。

（2）安装 Tomcat。首先，从 Apache 官网下载 Tomcat，下载后直接解压即可。其次，配置环境变量，设置 CATALINA_HOME 直接指定到 Tomcat 的解压路径，而 Path 则指定到 Tomcat 解压路径 bin 文件夹，如图 7-28 所示。

2）部署校园公共设施数据发布系统

（1）部署系统。将校园公共设施数据发布系统工程文件夹复制到 Tomcat 的 webapps 文件夹下，如图 7-29 所示。

（2）启动 Tomcat 服务。在 Tomcat 安装目录的 bin 文件夹中，双击 startup.bat 文件，启动成功以后，校园公共设施数据发布系统的发布就完成了。

图 7-28　编辑 Path 变量

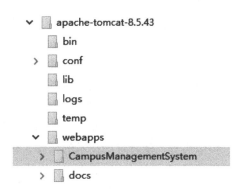

图 7-29　部署 Web 系统

5. 实验结果

本实验最终成果为 B/S 结构的 GIS 系统校园公共设施数据发布系统（数据下载路径：第七章\实验三\成果数据），具体内容如表 7-19 所示。

表 7-19　成果数据

名称	类型	描述
CampusManagementSystem	文件夹	系统源程序

五、思考与练习

（1）相较于 C/S 结构的 GIS 应用系统，B/S 结构的 GIS 应用系统有什么优势？校园公共设施管理系统为何要设计 C/S 结构及 B/S 结构两种结构的应用？

（2）校园公共设施数据发布系统功能实现相对基础，是否可以设计多个接口组合实现的功能，如对"路灯维修模块"功能扩展，结合网络分析的功能实现查找损坏路灯的同时规划最佳路线，以节省维修时间损耗。

（3）参照超图软件的 WebGIS 开发 API，自行开发绿化专题管理、校车路线管理及校园能耗监控管理模块等。

实验四　基于 M/S 结构的 GIS 开发

一、实验场景

　　M/S 结构是以嵌入式设备为终端、无线网络为通信环境的一种分布式系统网络结构。基于 M/S 结构的 GIS 通常又被称为移动 GIS，它是以无线网络为通信桥梁，以空间数据库为数据支持，以地理应用服务器为核心，以移动终端为采集工具和应用工具的网络地理信息系统。较之于其他结构的 GIS 应用，移动 GIS 摆脱了有线网络的限制和束缚，通过无线网络与服务器连接进行信息的交互，具有数据实时性强、使用方便、与定位系统结合紧密等优点。近年来，移动设备的软硬件都有了很大的发展，如网络定位技术、室内定位技术、网络通信技术、惯性定位技术、摄像头等，随着这些技术的发展，移动 GIS 在行业办公领域必将有越来越广泛的应用。特别是随着移动互联网的发展，大众生活类的 APP 与移动 GIS 结合得也越来越紧密，移动 GIS 在打车、购物、保险、旅游等大众应用领域产生了越来越多、越来越深入的应用。

　　开展 M/S 结构的 GIS 应用开发，开发者常常会面临怎样基于系统设计实现既定的开发任务；面向嵌入式设备的开发环境有哪些，怎么选择；支撑嵌入式设备开发的 GIS 软件选哪个，模块如何调用；数据库系统怎么确定，如何调用；GIS 平台开发商有无提供基础性的开发框架可供参考和利用；开发好的系统怎么进行部署等问题。基于 M/S 结构的 GIS 开发实验的学习与实践不仅可以解决这些问题，还将在提高开发者开发水平的同时，为移动开发者提供相应的开发框架和模板参考。

　　本实验以"GIS 系统设计"的相关内容为指导，以"M/S 结构的校园公共设施数据采集系统开发"为应用场景，基于 GIS 软件提供的面向安卓（Android）开发的软件开发工具包（software development kit，SDK），实现移动 APP 开发。

二、实验目标与内容

　　1. 实验目标与要求

　　（1）了解 M/S 体系结构的工作原理。

　　（2）掌握 Android 系统中常用的布局和控件的使用方法。

　　（3）熟悉 M/S 结构的 GIS 开发的基本流程。

　　（4）掌握移动 GIS 软件开发的基本方法。

　　2. 实验内容

　　（1）搭建 Android 开发环境。

　　（2）系统界面设计与实现。

　　（3）系统功能模块实现。

　　（4）应用程序部署。

三、实验数据与思路

　　1. 实验数据

　　本实验数据采用 libs（开发依赖库）、res（开发资源）、Campus.udb、Campus.udd、NetworkModel.snm 和 Campus.smwu 空间数据（数据下载路径：第七章\实验四\实验数据），具体使用的空间数据明细如表 7-20 所示。

表 7-20　数据明细

数据名称	类型	描述
libs	文件夹	移动端开发依赖库
res	文件夹	移动端开发资源
Campus	UDBX	数据源文件
NetworkModel.snm	网络模型文件	用于移动端路径查找的网络模型数据
Campus	SMWU	工作空间文件
Campus	地图	Campus 工作空间中的校园基础地图（二维电子地图）
ActivityArea	面数据集	活动区数据集，包括球场、广场和运动场等活动场所的面数据集
LivingArea	面数据集	住宿区数据集，包括学生宿舍、教师宿舍和宾馆等建筑物的面数据集
TeachingArea	面数据集	教学楼数据集，包括各院系教学楼、实验楼、行政楼的面数据集
POIs	点数据集	校园设施点数据集，包括教学楼、师生宿舍、医院、超市等设施的点数据集
StreetLights	点数据集	校园路灯设施点数据集
RoadNetwork	网络数据	校园道路网络数据集，该数据集由道路数据集拓扑构建得来

2. 思路与方法

M/S 结构的校园公共设施数据采集系统，主要通过搭建 Android 开发环境、系统界面实现、系统功能模块实现和部署应用程序四个关键步骤构建。

（1）搭建 Android 开发环境。首先利用 Android Studio 开发工具，创建校园公共设施数据采集系统项目，并添加 Android 工程配置信息，包括配置应用权限，配置支持多格式屏幕，添加类库引用。

（2）系统界面实现。利用 Android Studio 工具箱和 GIS 控件，首先新建布局并添加组件，而后再添加 GIS 控件。通过抽屉式布局、线性布局及相对布局实现界面的基础布局框架，通过 Android Studio 工具箱提供的 ImageView、TextView 和 GIS 控件 MapView 实现 APP 界面具体布局。

（3）系统功能模块实现。利用移动 GIS 的 Android SDK，分别实现数据浏览、数据查询及数据采集等功能的开发。通过 Workspace、MapControl 和 Map 类提供的属性和方法实现对数据的管理和浏览；通过 MapControl、Dataset 和 Action 类提供的属性和方法实现数据采集；通过 TransportationAnalyst 和 Navigation2 类提供的属性和方法实现路径规划及导航。

（4）部署应用程序，推送数据到移动端，编译打包应用程序，生成 APK 文件，并将其安装到移动设备上。

校园公共设施数据采集系统移动端搭建流程如图 7-30 所示。

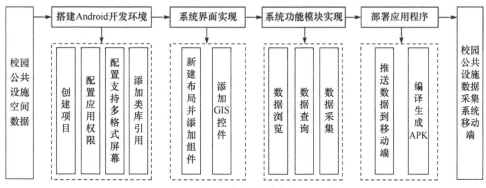

图 7-30　校园公共设施数据采集系统移动端搭建流程图

四、实验步骤

1. 搭建 Android 开发环境

1) 安装 Android Studio

本次实验使用 Android Studio 作为开发平台，使用 Java 语言开发。在安装 Android Studio 之前需要先安装 JDK（详细配置参见本章实验三安装和配置 Tomcat）。

Android Studio 安装包可以从网络（推荐网站 Android Dev Tools：https://www.androiddevtools.cn）下载。

2) 新建 Android 应用程序

（1）创建 Android Studio 项目。启动 Android Studio，点击 "Create New Project"，如图 7-31 所示，在弹出的 "Select a Project Template" 对话框中，选择 "Empty Activity"，点击 "Next" 按钮，弹出 "Configure Your Project" 对话框，填写应用名称，修改包名，选择保存路径（注意选择全英文路径），开发语言选择 "Java"，Minimum SDK 选择 "API 28:Android 9.0(Pie)"，参数设置如图 7-32 所示，点击 "Finish" 按钮，完成 Android 工程创建。

图 7-31　创建 Android 工程

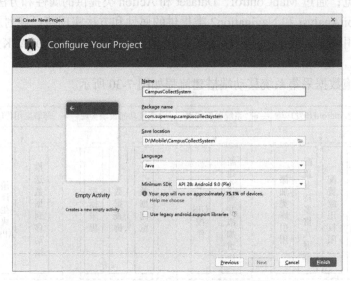

图 7-32　创建 Android 工程参数设置

（2）加载 SuperMap iMoble for Android 库文件。本实验所需的 SuperMap iMoble for Android 库文件已经放入实验数据中的 libs 文件夹中，将其下的所有文件和子文件夹复制到工程根目录的 libs 文件夹下，如图 7-33 所示。

（3）选中上一步中添加的 jar 文件，右键选项"Add As Library…"，如图 7-34 所示，在 Module 的 build.gradle 添加 jni 的 sourceSets 配置：jniLibs.srcDirs＝['libs']，在 defaultConfig 下添加 ndk 设置：abiFilters 'arm64-v8a'，如图 7-35 所示。

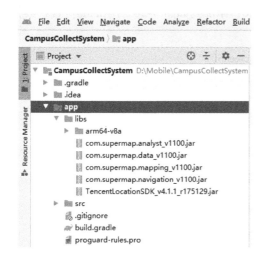

图 7-33　加载 SuperMap. iMobile for Android 库文件

图 7-34　添加 jar 文件引用

图 7-35　Module 的 build.gradle 配置

（4）添加 SuperMap iMobile for Android 最低权限。打开工程根目录下的 AndroidManifest.xml 添加必备权限，添加到如图 7-36 所示的①位置，具体代码如下。

```
<uses-permission android:name="android.permission.INTERNET" />
<uses-permission android:name="android.permission.ACCESS_NETWORK_STATE" />
```

```
<uses-permission android:name="android.permission.ACCESS_WIFI_STATE" />
<uses-permission android:name="android.permission.WRITE_EXTERNAL_STORAGE" />
<uses-permission android:name="android.permission.READ_PHONE_STATE" />
<uses-permission android:name="android.permission.CHANGE_WIFI_STATE" />
<uses-permission android:name="android.permission.ACCESS_FINE_LOCATION" />
```

（5）添加 Activity 配置。在 AndroidManifest.xml 的 "activity" 节点中添加配置信息，以便地图界面在横竖屏切换时不再重复调用 onCreate，添加到如图 7-36 所示的②位置，具体代码如下。

```
android:configChanges="keyboardHidden|orientation|screenSize"
```

图 7-36　AndroidManifest.xml 最低权限、横屏切换以及多格式屏幕配置

（6）支持多格式屏幕配置。在 AndroidManifest.xml 的 "manifest" 节点下添加如下配置信息，添加到如图 7-36 所示的③位置，具体代码如下。

```
<supports-screens
    android:anyDensity="true"
    android:largeScreens="true"
    android:normalScreens="true"
    android:smallScreens="true"/>
```

（7）同步工程。在 Android Studio 中，选择菜单 "File" → "Sync Project with Gradle Files" 或者点击如图 7-37 所示框选的按钮，同步工程。

图 7-37　同步工程按钮位置

2. 系统界面设计与实现

1）模块界面设计

校园公共设施数据采集系统主要包括校园导览、路灯报修、数据采集三大功能模块，界面布局一般采用垂直排列的线性布局。本实验以地图浏览、全局搜索为主界面，详细功能模块嵌套到子布局里。具体的移动界面设计草图如图 7-38 所示。

图 7-38　移动界面设计草图

2）系统界面实现

校园公共设施数据采集系统界面开发使用 Android 系统自带的布局。Android 系统界面主要在 Android 工程的 res/layout 文件夹中通过一系列*.xml 格式的布局文件（图 7-39）实现，Android 应用界面效果如图 7-40 所示。

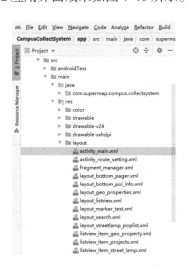

图 7-39　*.xml 格式的布局文件　　　　　　　图 7-40　Android 应用界面效果

3. 系统功能模块实现

1）推送数据到移动端

移动端设备开启允许 USB 连接调试（不同厂家的设备配置方式不同，请自行搜索相应的连接方式），并连接计算机。在计算机上打开设备内存根目录，新建 SuperMap/Demos/Campus 路径，将 Campus.smwu、Campus.udb、Campus.udd、NetworkModel.snm 数据复制到该路径下，在 SuperMap 文件夹下新建 license 文件夹，将许可文件复制到 license 文件夹下。

2）初始化环境

环境的初始化包括设置许可文件、缓存、临时文件等的路径，在主程序文件 MainActivity.java 中编写代码实现。

（1）主要接口。初始化环境主要利用 com.supermap.data 模块中的 Environment 类实现，该类的主要成员与功能描述如表 7-21 所示。

表 7-21　Environment 类的主要成员和功能描述

主要成员	功能描述
Environment	开发环境配置信息管理类，包括设置缓存目录、设置零值判断精度等功能，通过此类还可以设置像素与逻辑坐标的比例
Environment.setLicensePath（）	设置存放许可文件的路径
Environment.setTemporaryPath（）	设置临时文件存放路径
Environment.initialization（）	初始化环境

（2）代码实现。配置许可路径，具体代码如下。

```
MainActivity.java
protected void onCreate(Bundle savedInstanceState) {
    super.onCreate(savedInstanceState);
    String rootPath = android.os.Environment.getExternalStorageDirectory().getAbsolutePath();
    Environment.setLicensePath(rootPath + "/SuperMap/license");
    Environment.initialization(this);
    setContentView(R.layout.activity_main);
}
```

3）校园地图浏览

（1）主要接口。地图浏览主要接口包括工作空间（Workspace）、工作空间连接信息（WorkspaceConnectionInfo）类、地图控件（MapView）类和地图（Map）类等，主要接口功能描述如表 7-22 所示。

表 7-22　地图浏览主要接口功能描述

主要接口	功能描述
WorkspaceConnectionInfo	工作空间连接信息类，包括进行工作空间连接的所有信息，如所要连接的服务器名称、数据库名称、用户名、密码等
Workspace	工作空间是用户的工作环境，主要完成数据的组织和管理，包括打开、关闭、创建和保存工作空间。它通过数据源集合（Datasources）对象和地图集合（Maps）对象来管理其下的数据源和地图
MapView	地图显示控件容器类，用于存放地图控件和点标注控件
MapControl	地图控件类，用于为地图的显示提供界面，并且可以对地图进行可视化编辑，从而实现对地图所引用的数据的编辑
Map	地图类，负责地图显示环境的管理。它通过图层集合对象 Layers 来管理其中的所有图层，并且地图必须与一个工作空间相关联，以便显示该工作空间中的数据
Map.zoom（）	将地图放大或缩小指定的比例

（2）代码实现。在 MainActivity 类的 OnCreate 方法中实现校园地图显示的功能，以便在系统启动的时候自动加载校园地图，主要代码如下。

```
                                    MainActivity.java
mMapView=findViewById(R.id.view_MapView);
mMapControl=mMapView.getMapControl();
mMap=mMapControl.getMap();
WorkspaceConnectionInfo info=new WorkspaceConnectionInfo();
String dataPath=rootPath+"/SuperMap/Demos/Campus/Campus.smwu";
info.setServer(dataPath);
info.setType(WorkspaceType.SMWU);
mWorkspace=mMap.getWorkspace();
mWorkspace.open(info);
mMap.open(mWorkspace.getMaps().get(0));
```

地图加载效果如图 7-41 所示。

4）地物查询

地物查询即全局搜索功能，主要实现对校园 POI 数据的检索。在搜索框中输入关键字，查询结果自动显示在页面下拉框面板中，通过点击查询结果列表，可以在地图上高亮显示查询结果。

（1）主要接口。地物查询主要接口是 com.supermap.data 模块中的 QueryParameter、DatasetVector、Recordset 和 Geometry 类等，其功能描述如表 7-23 所示。

（2）地物属性查询代码实现。全局搜索功能的实现是在"输入框"中输入关键字，点击查询获取相应的结果，具体代码如下。

图 7-41　地图加载效果

表 7-23　地物查询主要接口功能描述

主要接口	功能描述
QueryParameter	查询参数类。用于描述一个条件查询的限制条件，如所包含的 SQL 语句、游标方式等
DatasetVector	矢量数据集类。用于对矢量数据集进行描述，并对之进行相应的管理和操作，包括数据查询、修改、删除等
Recordset	记录集类。通过此类，可以实现对矢量数据集中的数据进行操作
Geometry	所有具体几何类型的基类，提供了基本的几何类型的方法。用于表示地理实体的空间特征，并提供相关的处理方法
CallOut	点标注类

```
                                    PopSearch_POIs.java
private DatasetVector mDataset;
private void search(String content){
    synchronized (mListAdapter) {
        mListAdapter.clearItems();
```

```
        poiInfos.clear();
        if (mDataset == null) {
            mDataset = (DatasetVector) mDatasource.getDatasets().get(DataField.DatasetName_POIs);
        }
        if (mDataset != null && content != null && !content.isEmpty()) {
            String sql = DataField.POIs_Field_Name + " LIKE '%" + content + "%' OR " +
                    DataField.POIs_Field_Type + " LIKE '%" + content + "%'";
            Recordset recordset = mDataset.query(sql, CursorType.STATIC);
            int count = recordset.getRecordCount();
            recordset.moveFirst();
            while (!recordset.isEOF()) {
                PoiInfo poiInfo = new PoiInfo();
                poiInfo.smID = recordset.getID();
                poiInfo.name = recordset.getString(DataField.POIs_Field_Name) + "(" +
recordset.getString(DataField.POIs_Field_Type) + ")";
                poiInfos.add(poiInfo);
                mListAdapter.addItem(poiInfo.name);
                recordset.moveNext();
            }
            recordset.close();
            recordset.dispose();
        }
        Message msg = mHandler.obtainMessage();
        msg.what = mUpdateListView;
        mHandler.sendMessage(msg);
    }
}
```

（3）建筑物定位代码实现。在查询出来的列表中，点击具体某条记录进行定位，具体代码如下。

PagerItem_Bot_POIsInfo.java

```
public void showItem(int smID) {
    mViewRoot.findViewById(R.id.img_btn_poi_navi_route).setVisibility(View.VISIBLE);
    mViewRoot.findViewById(R.id.img_btn_poi_navi).setVisibility(View.GONE);
    if(mDataset != null) {
        Recordset recordset = mDataset.query("SmID=" + smID, CursorType.STATIC);
        int count = recordset.getRecordCount();
        if(count >=1){          recordset.moveFirst();
            mTextName.setText(recordset.getString(DataField.POIs_Field_Name));
            mTextDescription.setText(recordset.getString(DataField.POIs_Field_Type));
            Geometry geo = recordset.getGeometry();
            Point2D point = geo.getInnerPoint();
            mCallout.setLocation(point.getX(), point.getY());
            mMapView.removeCallOut("Des");
            mMapView.addCallout(mCallout, "Des");
            mMap.setCenter(point);
            mMap.setScale(mMap.getMaxScale());
            mMap.refresh();
        }
    }
}
```

属性查询及定位效果如图 7-42 所示。

5）路灯报修

路灯管理模块包括路灯查询、路灯报修及路径规划三个部分。

（1）主要接口。路灯管理模块涉及三个主要接口，它们分别是 com.supermap.navi 模块中的 Navigation2 类、com.supermap.analyst.networkanalyst 模块中的 TransportationAnalyst 类及 com. supermap.data 模块中的 QueryParameter、DatasetVector、Recordset 和 Geometry 类，其功能描述如表 7-24 所示。

图 7-42 属性查询及定位效果

表 7-24 路灯管理模块主要接口功能描述

主要接口	功能描述
Navigation2	行业导航类，提供基于拓扑路网的路径分析与导引
Navigation2. routeAnalyst	最佳路径分析
TransportationAnalyst	交通网络分析类。该类用于提供路径分析、旅行商分析、服务区分析、多旅行商（物流配送）分析、最近设施查找和选址分区分析等交通网络分析功能
QueryParameter	查询参数类。用于描述一个条件查询的限制条件，如所包含的 SQL 语句、游标方式等
DatasetVector	矢量数据集类。用于对矢量数据集进行描述，并对之进行相应的管理和操作，包括数据查询、修改、删除等
Recordset	记录集类。通过此类，可以实现对矢量数据集中的数据进行操作
Geometry	所有具体几何类型的基类，提供了基本的几何类型的方法。用于表示地理实体的空间特征，并提供相关的处理方法

（2）获取最佳路线代码实现。获取当前所在位置，并分析从当前位置到达目的地的最佳路径，主要实现代码如下。

```
RouteSettingActivity.java
//设置路径分析起止点
private void addCallOut(Point2D pt) {
        if (type == 0) {
            String strMarker = "Start";
            mMapView.removeCallOut(strMarker);
            mCallout_Start.setLocation(pt.getX(), pt.getY());

            mMapView.addCallout(mCallout_Start, strMarker);

            NaviManager.getInstance().setStartPoint(pt.getX(), pt.getY());

            mNavigation.setStartPoint(pt.getX(), pt.getY());
            mEditStart.setText(mPopListViewStart.getPoiInfoSelected().name);
        } else if (type == 1) {
            String strMarker = "Dest";
            mMapView.removeCallOut(strMarker);
            mCallout_Dest.setLocation(pt.getX(), pt.getY());
```

```
                mMapView.addCallout(mCallout_Dest, strMarker);
                NaviManager.getInstance().setDesPoint(pt.getX(), pt.getY());
                mNavigation.setDestinationPoint(pt.getX(), pt.getY());
                PopListView.PoiInfo info = mPopListViewDest.getPoiInfoSelected();
                if (info != null) {
                    mEditDest.setText(info.name);
                }
                isDestChanged = true;
            }

            type = -1;
    }
//最佳路径分析
    public void onClick(View v) {
        switch (v.getId()) {
            case R.id.btn_confirm:
                routeAnalystResult = mNavigation.routeAnalyst();
                if (routeAnalystResult) {
                    onBackPressed();
                } else {
                    Toast.makeText(this, "路径分析失败", Toast.LENGTH_SHORT).show();
                }
                break;
        }
    }
```

（3）导航功能代码实现。根据最佳路线进行导航，具体代码如下。

NaviManager.java

```
public static NaviManager getInstance(){
        if(mNaviManager == null）{
            mNaviManager = new NaviManager();
        }
        return mNaviManager;
    }
    public void setUp(Activity activity, MapView mapView){
        mActivity = activity;
        mMapView = mapView;
        mMap = mMapView.getMapControl().getMap();
        mNavigation = mMapView.getMapControl().getNavigation2();
        mNavigation.setPathVisible(true);
        DatasetVector networkDataset = (DatasetVector)
mapView.getMapControl().getMap().getWorkspace().getDatasources().get(0).getDatasets().get(DataField.DatasetName_Network);
        mNavigation.setNetworkDataset(networkDataset);
        boolean isLoaded = /*mNavigation.load(); */ mNavigation.loadModel(DataConfig.NaviModelFilePath);
        PathAnalyst.getInstance（）.loadModel(DataConfig.NaviModelFilePath, networkDataset);
        mNavigation.addNaviInfoListener(new NaviListener() {
            public void onNaviInfoUpdate(NaviInfo naviInfo) {
                Log.e("Navi", "onNaviInfoUpdate");
            }
            public void onStartNavi() {
                Log.e("Navi", "onStartNavid: ");
                ((MainActivity)mActivity).enableOverlay(false);
            }
            public void onAarrivedDestination() {
                Log.e("Navi", "onAarrivedDestination");
                ((MainActivity)mActivity).enableOverlay(true);
                mNavigation.cleanPath();
                mMapView.removeCallOut("Start");
            }
            public void onStopNavi() {
                Log.e("Navi", "onStopNavi");
                ((MainActivity)mActivity).enableOverlay(true);
                mMapView.removeCallOut("Start");
            }
            public void onAdjustFailure() {
                Log.e("Navi", "onAdjustFailure");
            }
            public void onPlayNaviMessage(String s) {
```

```
            Log.e("Navi", "onPlayNaviMessage: " + s);
        }
    });
```

导航效果如图 7-43 所示。

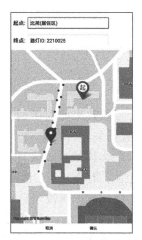

图 7-43　路灯维修导航效果

（4）路灯报修代码实现。更新路灯属性信息主要利用地物编辑功能实现，具体代码如下。

PagerItem_Bot_StreetLampInfo.java

```java
public void onClick(View v) {
    switch (v.getId()) {
        case R.id.text_bot_poi_detail:
            String type = mTextDetail.getText() + "";
            String description = mTextDescription.getText() + "";
            Recordset recordset = null;
            if(mDataset != null) {
                recordset = mDataset.query("SmID=" + mSmID, CursorType.DYNAMIC);
            }
            if(type.equals("报修")){
                if(recordset != null) {
                    recordset.setString(DataField.StreetLamp_Field_Status, "是");
                    recordset.update();
                    recordset.close();
                    recordset.dispose();
                }
                mTextDescription.setText(description.substring(0, description.length() -1) + "是");
                mTextDetail.setText("修复");
                if(mDataChangedListener != null){
                    mDataChangedListener.notifyDataChanged(mSmID);
                }
            }else if(type.equals("修复")){
                if(recordset != null) {
                    recordset.setString(DataField.StreetLamp_Field_Status, "否");
                    recordset.update();
                    recordset.close();
                    recordset.dispose();
                }
                mTextDescription.setText(description.substring(0, description.length() -1) + "否");
                mTextDetail.setText("报修");
                if(mDataChangedListener != null){
                    mDataChangedListener.notifyDataChanged(mSmID);
                }
            }
            break;
```

```
        case R.id.img_btn_poi_navi:
            NaviManager.getInstance().startNavi();
            break;
        case R.id.img_btn_poi_navi_route:
            NaviManager.getInstance().setDesPoint(mCallout.getLocationX(), mCallout.getLocationY());
            boolean isRoute = NaviManager.getInstance().route();
            if(isRoute){
                mViewRoot.findViewById(R.id.img_btn_poi_navi_route).setVisibility(View.GONE);
mViewRoot.findViewById(R.id.img_btn_poi_navi).setVisibility(View.VISIBLE);
            }
        default:
            break;
    }
}
```

图 7-44　路灯报修效果图

路灯报修效果如图 7-44 所示。

6）数据采集

数据采集模块主要实现更新校园公共设施空间数据，包括采集 POI 点、道路线、建筑面，以及更新校园公共设施数据属性信息。

（1）主要接口。数据采集主要接口是 com.supermap.map 模块中的 MapControl、Action 类，com.supermap.data 模块中的 DatasetVector、Recordset 和 Geometry 类，其功能描述如表 7-25 所示。

（2）空间数据采集代码实现。首先设置图层可编辑，然后通过在图层上绘制的方式采集空间数据，实现代码如下。

表 7-25　数据采集主要接口功能描述

主要接口	功能描述
MapControl	地图控件类，用于为地图的显示提供界面，并且可以对地图进行可视化编辑，从而实现对地图所引用的数据的编辑
Action	该类定义了地图操作状态类型常量，完成与地图显示有关的操作设置。通常与地图显示有关的操作包括地图的漫游，以及简单的编辑操作，如画点、画线、画面等
DatasetVector	矢量数据集类。用于对矢量数据集进行描述，并对之进行相应的管理和操作，包括数据查询、修改、删除等
Recordset	记录集类。通过此类，可以实现对矢量数据集中的数据进行操作
Geometry	所有具体几何类型的基类，提供了基本的几何类型的方法。用于表示地理实体的空间特征，并提供相关的处理方法

MainActivity.java

```
public void onClick(View v) {
        switch (v.getId()) {
case R.id.btn_draw_point: {
            String layerName = DataField.Edit_Layer_Point;
            editLayer(layerName);
            mMap.setOverlapDisplayed(true); // 显示压盖对象
            mMapControl.setAction(Action.CREATEPOINT);
        }
```

```
                        mCurGeoID = -1;
                        break;
case R.id.btn_draw_line:{
                        String layerName = DataField.Edit_Layer_Line;
                        editLayer(layerName);
                        mMapControl.setAction(Action.CREATEPOLYLINE);
                        mLastSelectedLayer = null;
                    }
                        mCurGeoID = -1;
                        break;
                case R.id.btn_draw_region:{
                        String layerName = DataField.Edit_Layer_Region;
                        editLayer(layerName);
                        mMapControl.setAction(Action.CREATEPOLYGON);
                        mLastSelectedLayer = null;
                    }
                        mCurGeoID = -1;
                        break;
                case R.id.btn_edit:
                        if(mCurGeoID == -1){
                            Toast.makeText(this, "请先选中一个对象",Toast.LENGTH_SHORT).show();
                        }else {
                            if(mLastSelectedLayer != null){
                                mLastSelectedLayer.setEditable(true);
                            }
                            mMapControl.setAction(Action.VERTEXEDIT);
                            Toast.makeText(this, "请先移动节点，进行编辑",Toast.LENGTH_SHORT).show();
                        }
                        break;
    }
}
 private void editLayer(String layerName){
        String[] layers = {DataField.Edit_Layer_Point, DataField.Edit_Layer_Line, DataField.Edit_Layer_Region};
        for(String layer : layers) {
            mMap.getLayers().get(layer).setVisible(false);
            mMap.getLayers().get(layer).setSelectable(false);
            mMap.getLayers().get(layer).setEditable(false);
        }
        mMap.getLayers().get(layerName).setVisible(true);
        mMap.getLayers().get(layerName).setSelectable(true);
        mMap.getLayers().get(layerName).setEditable(true);
        mMap.setOverlapDisplayed(false); // 默认不显示压盖对象
    }
```

道路采集效果如图 7-45 所示。

图 7-45　道路采集

（3）公共设施属性信息修改代码实现。提交绘制对象或者点击"属性"按钮时，执行属性变更的操作，在页面下方展开属性信息填写窗口，点击"完成"按钮可提交变更属性信息，实现代码如下。

```
                                    Pop_GeoProperties.java
private DatasetVector mDataset;
    private int mSmID;
    public void setData(int smID, DatasetVector datasetVector){
        mListAdapter.clearItems();
        mProperties.clear();
        mPropertyValues.clear();
        mDataset = datasetVector;
        mSmID = smID;
        if(datasetVector != null){
            Recordset recordset = datasetVector.query("SmID=" + smID, CursorType.STATIC);
            FieldInfos fieldInfos = datasetVector.getFieldInfos();
            int count = fieldInfos.getCount();
            for(int i=0; i<count; i++){
                String name = fieldInfos.get(i).getName();
                // 非系统字段
                if(!fieldInfos.get(i).isSystemField() && name.compareToIgnoreCase("SmUserID") != 0){
                    if(!mProperties.contains(name)){
                        mProperties.add(name);
                        mListAdapter.addItem(name);
                        Object obj = recordset.getObject(name);
                        if(obj != null) {
                            mPropertyValues.add(obj.toString());
                        }else {
                            mPropertyValues.add("");
                        }
                    }
                }
            }
        }
        recordset.close();
        recordset.dispose();
    }
    oldSize = mProperties.size();
}
```

属性更新效果如图 7-46 所示。

7）部署应用程序

（1）编译运行。连接测试机，在 Android Studio 中点击菜单"Build"→"Make Project"，编译完成后，点击菜单"Run"→"Run 'app'"，在测试机上运行应用程序，对其进行调试。

图 7-46　属性更新

（2）部署应用程序。在应用程序调试完毕后，在 Android Studio 中点击菜单"Build" → "Generate Signed Bundle/APK"，在工程目录的 app\release 文件夹中生成 *.APK 格式的安装包。如果在其他移动设备安装此应用程序，可直接拷贝 *.APK 文件到该移动设备上，点击进行安装（注意：存储了数据和许可文件的 SuperMap 文件夹也需要复制到该移动设备的根目录下）。

4. 实验结果

本实验最终成果为校园公共设施数据采集系统 APP（数据下载路径：第七章\实验四\成果数据），具体内容如表 7-26 所示。

表 7-26 成果数据

名称	类型	描述
CampusCollectSystem	文件夹	应用源程序
CampusCollectSystem	APK 文件	安卓系统 APP 应用

APP 安装最终效果如图 7-47 所示。

图 7-47 APP 安装最终效果

五、思考与练习

（1）本实验中的校园公共设施数据直接推送到移动设备上使用，如果数据需要更新，可以采用什么方式来实现？或者针对地图数据存放位置是否有更好的设计思路？

（2）使用 APP 进行校园公共设施信息采集时，数据如何同步到校园公共设施空间数据库中？

（3）参照超图软件的移动 GIS 开发 API，自行开发绿化专题管理、校车路线管理及校园能耗管理等模块。

主要参考文献

包为民. 2009. 水文预报. 4 版. 北京: 中国水利水电出版社.

陈焱明. 2010. 基于栅格的空间分析计算方法研究. 南京: 南京大学.

龚玺, 裴韬, 孙嘉, 等. 2011. 时空轨迹聚类方法研究进展. 地理科学进展, 30 (5):522-534.

黄杏元, 马劲松. 2008. 地理信息系统概论. 3 版. 北京: 高等教育出版社.

李满春, 陈振杰, 周琛, 等. 2023. GIS 设计与实现. 3 版. 北京: 科学出版社.

李少华, 李文昊, 蔡文文, 等. 2017. 云 GIS 技术与实践. 北京: 科学出版社.

刘美玲, 卢浩. 2016. GIS 空间分析实验教程. 北京: 科学出版社.

刘湘南, 王平, 关丽, 等. 2017. GIS 空间分析. 3 版. 北京: 科学出版社.

龙毅, 温永宁, 盛业华, 等. 2006. 电子地图学. 北京: 科学出版社.

闾国年, 张书亮, 龚敏霞, 等. 2003. 地理信息系统集成原理与方法. 北京: 科学出版社.

闾国年, 张书亮, 王永君, 等. 2007. 地理信息共享技术. 北京: 科学出版社.

汤国安, 刘学军, 闾国年, 等. 2007. 地理信息系统教程. 北京: 高等教育出版社.

汤国安, 钱柯健, 熊礼阳, 等. 2017. 地理信息系统基础实验操作 100 例. 北京: 科学出版社.

汤国安, 杨昕, 等. 2012. ArcGIS 地理信息系统空间分析实验教程. 3 版. 北京: 科学出版社.

邬伦, 刘瑜, 张晶, 等. 2001. 地理信息系统——原理、方法和应用. 北京: 科学出版社.

张书亮, 闾国年, 李秀梅, 等. 2005. 网络地理信息系统. 北京: 科学出版社.

张新长, 辛秦川, 何广静, 等. 2017. 地理信息系统实习. 北京: 高等教育出版社.

Lake R, Burggraf D S, Trninić M, et al. 2008. 地理标识语言——Geo-Web 基础. 张书亮, 闾国年, 龚建雅, 等编译. 北京: 科学出版社.

Tomlin C D. 1990. Geographic information systems and cartographic modeling. Englewood Cliffs: Prentice Hall.

附录 1　实验报告模板

实验报告名称

姓名：　　　　　　　　　学号：　　　　　　　　　日期：　　　　　　　　　成绩：

1. 实验目的和内容

正文：宋体，小四号字，1.25 倍行距，段首缩进 2 字符。

按照 1，1.1，1.1.1 的方式进行标题编号。1 级标题：黑体，四号字，左对齐；2 级标题和 3 级标题：宋体，四号字，左对齐。

2. 实验环境（实验的硬软件）

写明实验数据、实验硬件和软件环境。

3. 实验方案设计

写明本次实验的实验方案，包括实验方法、实验流程。

4. 实验过程

写明实验步骤、操作的实验参数等，其详细程度以能够复现结果为参考。在描述实验步骤的过程中，适当用截图辅助说明。

图名在图的下部，宋体，五号字，居中。样式如附图 1-1 所示。

RoadLine@Process ×

序号	SmUserID	width	Name	Type	ID
1	0	28	龙舟路	次要道路	6420007
2	0	24	学林路	次要道路	1420024
3	0	4		校内道路	6420002
4	0	8		校内道路	6420003
5	0	4		校内道路	6420004
6	0	4	青草路	校内道路	6420006
7	0	4	花园路	校内道路	1420001
8	0	4		校内道路	4420011
9	0	6	松山路	校内道路	1420014
10	0	24	博学路	校内道路	6420009
11	0	4		校内道路	6420001
12	0	4		校内道路	6420005
13	0	12	博学路	校内道路	6420008

附图 1-1　浏览“RoadLine”属性表

5. 实验总结

总结归纳实验过程中的心得体会、实验需要把握的关键环节、实验成败之处和原因分析等。

附录 2 实验的硬软件环境及数据

本附录给出实验所需的计算机硬软件环境要求，以及实验数据的说明。

一、硬件环境

实验所需的计算机硬件环境配置要求如附表 2-1 所示。

附表 2-1 计算机硬件环境配置要求

项目名称	配置要求
处理器	最低配置双核 2.00GHz 主频，推荐酷睿 i7 或同级别处理器
内存（RAM）	8G 或以上（64 位系统建议 16GB 以上）
硬盘空间	100GB 或以上
图形适配器	显存 2GB 或以上，处理芯片推荐 NVIDIA GTX580 或以上级别，OpenGL 版本 2.0 及以上，24 位图形加速器，使用最新显卡驱动
网络适配器	100M 或以上网络适配器

二、软件环境

实验需要的相关软件列表详见附表 2-2。全部安装这些软件有助于更好地进行实验练习。

附表 2-2 实验使用的相关软件

编号	软件	相关的实验	下载地址
1	桌面 GIS 软件：SuperMap iDesktop 11i(2022)和 SuperMap iDesktopX 11i(2022)	空间数据采集 空间数据处理 空间数据管理 空间分析 空间分析建模 电子地图制图	http://support.supermap.com.cn/DownloadCenter/ProductPlatform.aspx
2	组件 GIS 开发软件：SuperMap iObjects .NET 11i(2022)	基于 C/S 结构的 GIS 开发	
3	Web GIS 软件：SuperMap iServer 11i(2022)	基于 B/S 结构的 GIS 开发	
4	移动 GIS 开发软件：SuperMap iMobile 11i(2022) for Android	基于 M/S 结构的 GIS 开发	
5	办公软件 Office 的 Word 和 Excel 或兼容的办公软件	编写实验文档 处理实验需要的表格文档	https://products.office.com/zh-cn/word
6	开发工具：Visual Studio	基于 C/S 结构的 GIS 开发	https://visualstudio.microsoft.com/zh-hans/downloads/
7	Web 服务器：Apache Tomcat	基于 B/S 结构的 GIS 开发	http://www.apache.org/
8	开发工具：Android Studio	基于 M/S 结构的 GIS 开发	https://www.androiddevtools.cn/
9	数据库：Oracle	空间数据管理	https://www.oracle.com/cn/downloads/
10	数据库：PostgreSQL 及 PostGIS 扩展	空间数据管理	https://www.postgresql.org/download/

　　本书使用的 SuperMap 系列软件的版本为 v11.0.0，建议使用该版本或以上版本进行实验。如果使用其他版本界面可能会与本书有所不同，具体可以查看软件的帮助文档。

三、实验数据说明

　　本书提供的配套实验数据按照实验单元组织。每个实验单元一个目录，目录里面是与实验相关的数据。读者可以访问 http://onlinecourse.edugis.net/#/course/2a71374e04404f748a8fd8b89972dcf4 下载实验数据。

　　本书附带的所有实验数据仅供读者练习使用，不得用于本书之外的其他用途。

　　读者在学习过程中若遇到与本书有关的技术问题，可以发电子邮件到 slzh@163.com 或 training@supermap.com，编者会尽快给予解答。